机翼与叶栅理论基础

史广泰 文海罡 吕文娟 编

机械工业出版社

叶栅理论是流体机械、动力机械以及其他叶轮机械相关专业的基础课。本书较系统地介绍了机翼与叶栅理论相关的基本概念、方程和理论，以及机翼与叶栅理论在实际工程中的具体应用。全书共 6 章，第 1 章为机翼与叶栅理论中用到的流体力学基础知识，第 2 章和第 3 章为机翼理论部分，第 4 章和第 5 章为叶栅理论部分，第 6 章为机翼与叶栅理论在工程中的应用。

　　本书可作为流体机械、动力机械以及其他叶轮机械相关专业的本科生或研究生教材，也可供工程技术人员参考。

图书在版编目（CIP）数据

机翼与叶栅理论基础/史广泰，文海罡，吕文娟编. —北京：机械工业出版社，2021.6（2025.1 重印）

ISBN 978-7-111-68586-9

Ⅰ.①机…　Ⅱ.①史…②文…③吕…　Ⅲ.①机翼 – 叶栅理论 – 高等学校 – 教材　Ⅳ.①V224②TK05

中国版本图书馆 CIP 数据核字（2021）第 128010 号

机械工业出版社（北京市百万庄大街 22 号　邮政编码 100037）
策划编辑：尹法欣　责任编辑：尹法欣　王海霞
责任校对：李　婷　封面设计：王　旭
责任印制：李　昂
北京捷迅佳彩印刷有限公司印刷
2025 年 1 月第 1 版第 2 次印刷
184mm×260mm · 8.75 印张 · 200 千字
标准书号：ISBN 978-7-111-68586-9
定价：39.90 元

电话服务　　　　　　　　　　　网络服务
客服电话：010-88361066　　　机　工　官　网：www.cmpbook.com
　　　　　010-88379833　　　机　工　官　博：weibo.com/cmp1952
　　　　　010-68326294　　　金　书　网：www.golden-book.com
封底无防伪标均为盗版　　机工教育服务网：www.cmpedu.com

前　言

　　本书主要由机翼理论和叶栅理论两部分构成，其中机翼理论的研究对象是飞机的机翼、尾翼和导弹机翼以及一切以流体为工作介质的叶片式流体机械，如泵的叶轮、水轮机转轮的叶片和导水机构的导叶等。应用机翼理论相关知识，可以对机翼的气动力特性进行相关分析，如升力、阻力的产生原因和变化规律以及失速现象的产生原因等。叶栅理论的研究对象则是剖面为翼型的一系列叶片的组合，如水轮机、叶片泵、鼓风机、船舶推进器等带有叶片的工作轮，而叶片的剖面形状大都是翼型，工作轮就是靠这些叶片工作的。因此，机翼与叶栅理论为流体机械的设计奠定了理论基础。

　　本书是根据能源与动力工程专业创新型应用人才培养要求和一流专业建设要求，结合编者多年的教学经验，并在查阅借鉴了相关文献的基础上编写的，主要从使教材结构、内容适应现代教学要求来进行组织，力求满足现代能源与动力工程专业本科生的培养要求。

　　本书的具体编写分工为：吕文娟编写第1章，史广泰编写第2～4章及附录，文海罡编写第5、6章。本书在编写过程中得到了所在团队各位学生的大力支持，在此表示衷心感谢，同时也感谢四川省动力工程及工程热物理"双一流"学科建设项目、流体及动力机械教育部重点实验室、西华大学教育教学改革研究项目（xjjg2019067）、西华大学教材建设项目等给予的大力支持及资助。

　　本书在编写过程中参考了相关文献资料，借鉴吸收了部分专家的学术成果，在此向相关文献的作者及相关专家表示衷心的感谢！

　　由于编者水平有限，书中欠妥疏漏之处在所难免，恳切希望广大读者在使用本书时给予关注，并将意见和建议及时反馈给我们，以便完善本书内容。

编　者

目 录

第 1 章

流体力学基础

本书后续各章节将用到一些流体力学的基础知识，为便于读者学习，本章先对引用的有关内容给出简要的介绍，而更具体的叙述，读者可参考相关流体力学教材。

1.1 基本方程

流体力学的任务是研究流体在平衡或运动时所遵循的基本规律及其在工程中的应用。流体做机械运动时也应遵循物理学及力学中的质量守恒定律、能量守恒定律及动量定理等普遍规律。本节主要介绍由质量守恒定律、能量守恒定律及动量定理等得出的连续性方程、运动方程、伯努利方程及动量方程等基本方程。

首先引述一些矢量算符的定义。由速度场的散度 $\mathrm{div}\boldsymbol{v}$（相对体积膨胀率）的定义

$$\mathrm{div}\boldsymbol{v} = \lim_{\Delta\tau = 0} \frac{1}{\Delta\tau}\int_{\Delta S} \boldsymbol{n} \cdot \boldsymbol{v}\mathrm{d}S \tag{1-1}$$

式中，ΔS 为体积 $\Delta\tau$ 的表面积；$\boldsymbol{n}$ 为 ΔS 上的法向单位矢量。在直角坐标 (x,y,z) 中可求得速度矢量 $\boldsymbol{v}(u,v,w)$ 的散度表达式为

$$\mathrm{div}\boldsymbol{v} = \frac{\partial u}{\partial x} + \frac{\partial v}{\partial y} + \frac{\partial w}{\partial z} \tag{1-2}$$

引入算符 $\boldsymbol{\nabla}$ 的定义

$$\boldsymbol{\nabla} = \boldsymbol{i}\,\frac{\partial}{\partial x} + \boldsymbol{j}\,\frac{\partial}{\partial y} + \boldsymbol{k}\,\frac{\partial}{\partial z} \tag{1-3}$$

则有

$$\boldsymbol{\nabla} \cdot \boldsymbol{v} = \mathrm{div}\boldsymbol{v} = \frac{\partial u}{\partial x} + \frac{\partial v}{\partial y} + \frac{\partial w}{\partial z} \tag{1-4}$$

由标量函数 $\varphi(x,y,z)$ 梯度的定义

$$\mathrm{grad}\varphi = \frac{\partial\varphi}{\partial n} \qquad \boldsymbol{n} = \lim_{\Delta\tau = 0} \frac{1}{\Delta\tau}\int_{\Delta S} \boldsymbol{n} \cdot \varphi\mathrm{d}S \tag{1-5}$$

式中，$\boldsymbol{n}$ 为标量函数等位面的外法线方向单位矢量，则有

$$\boldsymbol{\nabla}\varphi = \mathrm{grad}\varphi = \boldsymbol{i}\,\frac{\partial}{\partial x} + \boldsymbol{j}\,\frac{\partial}{\partial y} + \boldsymbol{k}\,\frac{\partial}{\partial z} \tag{1-6}$$

旋度矢量 $\boldsymbol{\Omega}$ 的定义为

$$\boldsymbol{\Omega} = \boldsymbol{\nabla} \times \boldsymbol{v} = \mathrm{rot}\boldsymbol{v} = \boldsymbol{i}\left(\frac{\partial w}{\partial y} - \frac{\partial v}{\partial z} \right) + \boldsymbol{j}\left(\frac{\partial u}{\partial z} - \frac{\partial w}{\partial x} \right) + \boldsymbol{k}\left(\frac{\partial v}{\partial x} - \frac{\partial u}{\partial y} \right) \tag{1-7}$$

并有

$$\boldsymbol{\nabla} \cdot \boldsymbol{\Omega} = \mathrm{div}\boldsymbol{\Omega} = 0 \tag{1-8}$$

再对高斯定理做一简要引述。

设 $\boldsymbol{F}$ 为体积 $\boldsymbol{\tau}$ 内和包围体积 $\boldsymbol{\tau}$ 的表面 S 上的某一标量函数或矢量函数，由高斯定理可以得出

$$\int_{\tau} (\boldsymbol{\nabla}F)\,\mathrm{d}\tau = \int_{S} \boldsymbol{n}F\mathrm{d}S \tag{1-9}$$

式中，$\boldsymbol{n}$ 为 $\mathrm{d}S$ 表面上的外法线单位矢量。

如果令 $\boldsymbol{F} = p$（标量压力 p），则得梯度形式高斯定理为

$$\int_{\tau} \boldsymbol{\nabla}p\mathrm{d}z = \int_{S} \boldsymbol{n}p\mathrm{d}S \tag{1-10}$$

如果令 $\boldsymbol{F} = \boldsymbol{v}$（矢量速度 $\boldsymbol{v}$），则得散度形式高斯定理为

$$\int_{\tau} \boldsymbol{\nabla} \cdot \boldsymbol{v}\mathrm{d}\tau = \int_{S} \boldsymbol{n} \cdot \boldsymbol{v}\mathrm{d}S \tag{1-11}$$

1.1.1 连续性方程

连续性方程是流体运动学的基本方程，是质量守恒定律在流体力学中的应用。下面根据质量守恒定律，推导三维流动连续性微分方程，并建立总流的连续性方程。

1. 连续性微分方程

在流场中任取微元直角六面体 $ABCDEFGH$ 作为控制体，其边长 $\mathrm{d}x$、$\mathrm{d}y$、$\mathrm{d}z$，分别平行于 x、y、z 轴。设流体在该六面体形心 $O'(x,y,z)$ 处的密度为 ρ，速度 $\boldsymbol{u} = u_x\boldsymbol{i} + u_y\boldsymbol{j} + u_z\boldsymbol{k}$。根据泰勒级数展开，略去二阶以上无穷小量，得 x 轴方向的速度和密度变化，如图 1-1 所示。

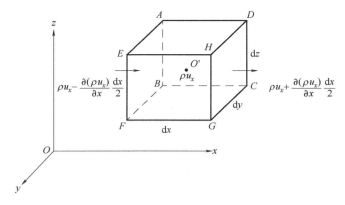

图 1-1　连续性微分方程

在 x 轴方向，单位时间流进与流出控制体的流体质量差为

$$\Delta m_x = \left[\rho u_x - \frac{\partial(\rho u_x)}{\partial x}\frac{\mathrm{d}x}{2}\right]\mathrm{d}y\mathrm{d}z - \left[\rho u_x + \frac{\partial(\rho u_x)}{\partial x}\frac{\mathrm{d}x}{2}\right]\mathrm{d}y\mathrm{d}z = -\frac{\partial(\rho u_x)}{\partial x}\mathrm{d}x\mathrm{d}y\mathrm{d}z$$

同理，在 y、z 轴方向，单位时间流进与流出控制体的流体质量差为

$$\Delta m_y = -\frac{\partial(\rho u_y)}{\partial y}\mathrm{d}x\mathrm{d}y\mathrm{d}z$$

$$\Delta m_z = -\frac{\partial(\rho u_z)}{\partial z}\mathrm{d}x\mathrm{d}y\mathrm{d}z$$

则单位时间流进与流出控制体的总质量差为

$$\Delta m_x + \Delta m_y + \Delta m_z = -\left[\frac{\partial(\rho u_x)}{\partial x} + \frac{\partial(\rho u_y)}{\partial y} + \frac{\partial(\rho u_z)}{\partial z}\right]\mathrm{d}x\mathrm{d}y\mathrm{d}z$$

由于流体连续地充满整个控制体，而控制体的体积又固定不变，因此，流进与流出控制体的总质量差只可能引起控制体内流体密度发生变化。由密度变化引起单位时间控制体内流体的质量变化为

$$\left(\rho + \frac{\partial\rho}{\partial t}\right)\mathrm{d}x\mathrm{d}y\mathrm{d}z - \rho\mathrm{d}x\mathrm{d}y\mathrm{d}z = \frac{\partial\rho}{\partial t}\mathrm{d}x\mathrm{d}y\mathrm{d}z$$

根据质量守恒定律，单位时间流进与流出控制体的总质量差，必等于单位时间控制体内流体的质量变化，即

$$-\left[\frac{\partial(\rho u_x)}{\partial x} + \frac{\partial(\rho u_y)}{\partial y} + \frac{\partial(\rho u_z)}{\partial z}\right]\mathrm{d}x\mathrm{d}y\mathrm{d}z = \frac{\partial\rho}{\partial t}\mathrm{d}x\mathrm{d}y\mathrm{d}z$$

化简得

$$\frac{\partial\rho}{\partial t} + \frac{\partial(\rho u_x)}{\partial x} + \frac{\partial(\rho u_y)}{\partial y} + \frac{\partial(\rho u_z)}{\partial z} = 0 \tag{1-12}$$

式（1-12）即为微分形式的连续性方程。

以下是几种特殊情形下的连续性微分方程。

（1）恒定流动 $\frac{\partial\rho}{\partial t}=0$，式（1-12）可简化为

$$\frac{\partial(\rho u_x)}{\partial x} + \frac{\partial(\rho u_y)}{\partial y} + \frac{\partial(\rho u_z)}{\partial z} = 0 \tag{1-13}$$

（2）不可压缩均质流体 ρ 为常数，式（1-12）可简化为

$$\frac{\partial u_x}{\partial x} + \frac{\partial u_y}{\partial y} + \frac{\partial u_z}{\partial z} = 0 \tag{1-14}$$

式（1-14）适用于三维恒定与非恒定流动。对二维不可压缩流体，不论流动是否恒定，式（1-14）可简化为

$$\frac{\partial u_x}{\partial x} + \frac{\partial u_y}{\partial y} = 0 \tag{1-15}$$

（3）柱坐标系下 三维可压缩流体的连续性微分方程为

$$\frac{\partial\rho}{\partial t} + \frac{\partial(\rho u_r)}{\partial r} + \frac{\partial(\rho u_\theta)}{r\partial\theta} + \frac{\partial(\rho u_z)}{\partial z} + \frac{\rho u_r}{r} = 0 \tag{1-16}$$

式中，u_r 为速度的径向分速；u_θ 为周向分速；u_z 为轴向分速。

对不可压缩均质流体，式（1-16）可简化为

$$\frac{\partial u_r}{\partial r} + \frac{\partial u_\theta}{r \partial \theta} + \frac{\partial u_z}{\partial z} + \frac{u_r}{r} = 0 \qquad (1-17)$$

2. 总流的连续性方程

（1）恒定流动　恒定总流的连续性方程，可由连续性微分方程［式（1-13）］导出。在恒定流动的流场中取一流管作为控制体，如图 1-2 所示。

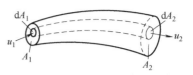

图 1-2　总流的连续性方程

其积分形式的连续性方程为

$$\iiint_V \left[\frac{\partial(\rho u_x)}{\partial x} + \frac{\partial(\rho u_y)}{\partial y} + \frac{\partial(\rho u_z)}{\partial z} \right] \mathrm{d}V = 0 \qquad (1-18)$$

根据高斯定理，式（1-18）的体积积分可用曲面积分来表示，即

$$\iiint_V \left[\frac{\partial(\rho u_x)}{\partial x} + \frac{\partial(\rho u_y)}{\partial y} + \frac{\partial(\rho u_z)}{\partial z} \right] \mathrm{d}V = \oiint_A \rho u_n \mathrm{d}A \qquad (1-19)$$

式中，A 是体积 V 的封闭表面的面积；u_n 是 $\boldsymbol{u}$ 在微元面积 $\mathrm{d}A$ 外法线方向的投影。因流管侧面上 $u_n = 0$，故式（1-19）可简化为

$$-\int_{A_1} \rho_1 u_1 \mathrm{d}A_1 + \int_{A_2} \rho_2 u_2 \mathrm{d}A_2 = 0$$

上式第一项取负号是因为速度 u_1 的方向与 $\mathrm{d}A_1$ 的外法线方向相反。由此可得

$$\int_{A_1} \rho_1 u_1 \mathrm{d}A_1 = \int_{A_2} \rho_2 u_2 \mathrm{d}A_2$$

$$\rho_1 v_1 A_1 = \rho_2 v_2 A_2 \qquad (1-20)$$

式中，v_1、v_2 为断面平均流速。

式（1-20）即为恒定总流的连续性方程，说明单位时间流入控制体的质量等于流出控制体的质量。

（2）不可压缩流体　对不可压缩均质流体，其总流的连续性方程可对式（1-14）积分导出

$$v_1 A_1 = v_2 A_2 \qquad (1-21)$$

或

$$Q_1 = Q_2$$

不论是恒定还是非恒定流动，式（1-21）均适用。对非恒定流动，它表示同一时刻通过流管任意断面的流量相等；而对恒定流动，它还表示流量的大小不随时间变化。

1.1.2　运动方程

这里介绍的运动方程即欧拉运动微分方程，在理想流体的假设下，根据牛顿第二定律推导得到，是研究理想流体运动的基本微分方程。

建立空间直角坐标系 $Oxyz$，任取一微元直角六面体微团 $ABCDEFGH$，其中心 M 的坐标为 (x, y, z)，六面体平行于 x、y、z 轴的边长分别为 $\mathrm{d}x$、$\mathrm{d}y$、$\mathrm{d}z$，如图 1-3 所示。设 M 处的速度为 $\boldsymbol{u}$，流体微团的平均密度为 ρ，作用在流体微团上的力有表面力和质量力，这里不再具体分析。依据牛顿第二定律，作用在流体微团上各种力的代数和应等于流体微团的质量与加速度的乘积。

对 x 方向，有

$$\left(p - \frac{\partial p}{\partial x}\frac{\mathrm{d}x}{2}\right)\mathrm{d}y\mathrm{d}z - \left(p + \frac{\partial p}{\partial x}\frac{\mathrm{d}x}{2}\right)\mathrm{d}y\mathrm{d}z + f_x\rho\mathrm{d}x\mathrm{d}y\mathrm{d}z = \rho\mathrm{d}x\mathrm{d}y\mathrm{d}z\frac{\mathrm{d}u_x}{\mathrm{d}t}$$

化简后得

$$f_x - \frac{1}{\rho}\frac{\partial p}{\partial x} = \frac{\mathrm{d}u_x}{\mathrm{d}t} \qquad (1\text{-}22a)$$

同理

$$f_y - \frac{1}{\rho}\frac{\partial p}{\partial y} = \frac{\mathrm{d}u_y}{\mathrm{d}t} \qquad (1\text{-}22b)$$

$$f_z - \frac{1}{\rho}\frac{\partial p}{\partial z} = \frac{\mathrm{d}u_z}{\mathrm{d}t} \qquad (1\text{-}22c)$$

矢量式为

$$\boldsymbol{f} - \frac{1}{\rho}\boldsymbol{\nabla}p = \frac{\mathrm{d}\boldsymbol{u}}{\mathrm{d}t} \qquad (1\text{-}23)$$

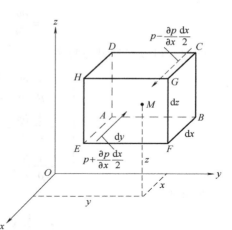

图 1-3　微团六面体受力分析

式（1-22）、式（1-23）就是理想流体的运动微分方程，又称为欧拉运动微分方程。此方程是研究理想流体各种运动规律的基础，对于可压缩及不可压缩理想流体的恒定流动或非恒定流动均适用。欧拉运动微分方程中每一项都表示单位质量流体所受的力，$\boldsymbol{f}$ 为单位质量流体所受的质量力，$\frac{1}{\rho}\boldsymbol{\nabla}p$ 为单位质量流体所受的压力，$\frac{\mathrm{d}\boldsymbol{u}}{\mathrm{d}t}$ 为单位质量流体所受的惯性力。

将式（1-23）展开，其直角坐标形式如下

$$\begin{cases} f_x - \dfrac{1}{\rho}\dfrac{\partial p}{\partial x} = \dfrac{\partial u_x}{\partial t} + u_x\dfrac{\partial u_x}{\partial x} + u_y\dfrac{\partial u_x}{\partial y} + u_z\dfrac{\partial u_x}{\partial z} \\[2mm] f_y - \dfrac{1}{\rho}\dfrac{\partial p}{\partial y} = \dfrac{\partial u_y}{\partial t} + u_x\dfrac{\partial u_y}{\partial x} + u_y\dfrac{\partial u_y}{\partial y} + u_z\dfrac{\partial u_y}{\partial z} \\[2mm] f_z - \dfrac{1}{\rho}\dfrac{\partial p}{\partial z} = \dfrac{\partial u_z}{\partial t} + u_x\dfrac{\partial u_z}{\partial x} + u_y\dfrac{\partial u_z}{\partial y} + u_z\dfrac{\partial u_z}{\partial z} \end{cases} \qquad (1\text{-}24)$$

矢量式为

$$\boldsymbol{f} - \frac{1}{\rho}\boldsymbol{\nabla}p = \frac{\partial \boldsymbol{u}}{\partial t} + (\boldsymbol{u}\cdot\boldsymbol{\nabla})\boldsymbol{u} \qquad (1\text{-}25)$$

欧拉运动微分方程中只有表示移动的线速度 u_x、u_y、u_z，而没有表示旋转运动的角速度，因而无法从方程来判断流动是否有旋。为此，对欧拉运动微分方程进行变换，将式（1-24）第一式的右边加减 $u_y\dfrac{\partial u_y}{\partial u_x}$、$u_z\dfrac{\partial u_z}{\partial u_x}$ 并重新组合，有

$$f_x - \frac{1}{\rho}\frac{\partial p}{\partial x} = \frac{\partial u_x}{\partial t} + u_x\frac{\partial u_x}{\partial x} + u_y\frac{\partial u_x}{\partial y} + u_z\frac{\partial u_x}{\partial z} + u_y\left(\frac{\partial u_x}{\partial y} - \frac{\partial u_y}{\partial x}\right) + u_z\left(\frac{\partial u_x}{\partial z} - \frac{\partial u_z}{\partial x}\right)$$

因为

$$\omega_z = \frac{1}{2}\left(\frac{\partial u_y}{\partial x} - \frac{\partial u_x}{\partial y}\right) \qquad\qquad \omega_y = \frac{1}{2}\left(\frac{\partial u_x}{\partial z} - \frac{\partial u_z}{\partial x}\right)$$

得到

$$f_x - \frac{1}{\rho}\frac{\partial p}{\partial x} = \frac{\partial u_x}{\partial t} + \frac{\partial\left(u_x^2 + u_y^2 + u_z^2\right)}{2\partial x} + 2\left(u_z\omega_y - u_y\omega_z\right)$$

$$= \frac{\partial u_x}{\partial t} + \frac{\partial}{\partial x}\left(\frac{\boldsymbol{u}^2}{2}\right) + 2\left(u_z\omega_y - u_y\omega_z\right)$$

同理，可以得到另外两式

$$\begin{cases} f_x - \dfrac{1}{\rho}\dfrac{\partial p}{\partial x} = \dfrac{\partial u_x}{\partial t} + \dfrac{\partial}{\partial x}\left(\dfrac{\boldsymbol{u}^2}{2}\right) + 2\left(u_z\omega_y - u_y\omega_z\right) \\[2mm] f_y - \dfrac{1}{\rho}\dfrac{\partial p}{\partial y} = \dfrac{\partial u_y}{\partial t} + \dfrac{\partial}{\partial y}\left(\dfrac{\boldsymbol{u}^2}{2}\right) + 2\left(u_x\omega_z - u_z\omega_x\right) \\[2mm] f_z - \dfrac{1}{\rho}\dfrac{\partial p}{\partial z} = \dfrac{\partial u_z}{\partial t} + \dfrac{\partial}{\partial z}\left(\dfrac{\boldsymbol{u}^2}{2}\right) + 2\left(u_y\omega_x - u_x\omega_y\right) \end{cases} \tag{1-26}$$

矢量式为

$$\boldsymbol{f} - \frac{1}{\rho}\boldsymbol{\nabla} p = \frac{\partial \boldsymbol{u}}{\partial t} + \boldsymbol{\nabla}\left(\frac{\boldsymbol{u}^2}{2}\right) + 2\left(\boldsymbol{\omega}\times\boldsymbol{u}\right) \tag{1-27}$$

式（1-27）即为葛罗米柯-兰姆运动微分方程，该方程可以显示出流动是无旋的还是有旋的。若流动无旋，则方程右边第三项为零；反之，则不为零。

为了便于对欧拉运动微分方程进行积分，现给出欧拉运动微分方程的另一种形式。

做以下假设：

1）流动为恒定流动，有

$$\frac{\partial u_x}{\partial t} = \frac{\partial u_y}{\partial t} = \frac{\partial u_z}{\partial t} = 0$$

2）作用在流体上的质量力有势，即存在力势函数 W，使得

$$f_x = \frac{\partial W}{\partial x}, \quad f_y = \frac{\partial W}{\partial y}, \quad f_z = \frac{\partial W}{\partial z}$$

3）流体为不可压缩均质流体，$\rho =$ 常数。

将上述假设条件代入式（1-26），得到第二种形式的葛罗米柯-兰姆运动微分方程

$$\begin{cases} \dfrac{\partial}{\partial x}\left(W - \dfrac{p}{\rho} - \dfrac{u^2}{2}\right) = 2\left(u_z\omega_y - u_y\omega_z\right) \\[2mm] \dfrac{\partial}{\partial y}\left(W - \dfrac{p}{\rho} - \dfrac{u^2}{2}\right) = 2\left(u_x\omega_z - u_z\omega_x\right) \\[2mm] \dfrac{\partial}{\partial z}\left(W - \dfrac{p}{\rho} - \dfrac{u^2}{2}\right) = 2\left(u_y\omega_x - u_x\omega_y\right) \end{cases} \tag{1-28}$$

1.1.3　伯努利方程

伯努利方程又称能量守恒方程，是能量守恒定律在流体力学中的表现形式。先根据第二种形式的葛罗米柯-兰姆运动微分方程，在不同的限定条件下积分，可以得到伯努利积分和欧拉积分。

1. 伯努利积分

伯努利积分为沿流线进行积分。将式（1-28）中三个式子的两边分别乘以流线上任意微元线段 $\mathrm{d}l$ 的三个轴向分量 $\mathrm{d}x$、$\mathrm{d}y$、$\mathrm{d}z$，再相加，有

$$\frac{\partial}{\partial x}\left(W - \frac{p}{\rho} - \frac{u^2}{2}\right)dx + \frac{\partial}{\partial y}\left(W - \frac{p}{\rho} - \frac{u^2}{2}\right)dy + \frac{\partial}{\partial z}\left(W - \frac{p}{\rho} - \frac{u^2}{2}\right)dz$$

$$= 2\left[(u_z\omega_y - u_y\omega_z)dx + (u_x\omega_z - u_z\omega_x)dy + (u_y\omega_x - u_x\omega_y)dz\right]$$

对于恒定流动，上式可化简为

$$d\left(W - \frac{p}{\rho} - \frac{u^2}{2}\right) = 0$$

积分后，得

$$W - \frac{p}{\rho} - \frac{u^2}{2} = C_1 \tag{1-29}$$

式中，C_1 为积分常数，仅适用于同一流线，称为流线常数。

式（1-29）即为伯努利积分，是正压理想流体在有势的质量力作用下恒定有旋流动时沿同一流线的积分。

2. 欧拉积分

欧拉积分在前面三个限定条件下，再加一个流动无旋的条件，即 $\omega_x = \omega_y = \omega_z = 0$，则式（1-28）中，等号右边等于零，即

$$\begin{cases} \dfrac{\partial}{\partial x}\left(W - \dfrac{p}{\rho} - \dfrac{u^2}{2}\right) = 0 \\[2mm] \dfrac{\partial}{\partial y}\left(W - \dfrac{p}{\rho} - \dfrac{u^2}{2}\right) = 0 \\[2mm] \dfrac{\partial}{\partial z}\left(W - \dfrac{p}{\rho} - \dfrac{u^2}{2}\right) = 0 \end{cases}$$

将上面方程组中的三个式子分别乘以流场中任意微元线段 dl 的三个轴向分量 dx、dy、dz，再相加，然后积分，有

$$W - \frac{p}{\rho} - \frac{u^2}{2} = C_2 \tag{1-30}$$

式中，C_2 为积分常数，在整个流场中处处适用，称为通用常数。

式（1-30）即为欧拉积分，是正压理想流体在有势的质量力作用下恒定无旋流动时的积分。

3. 重力作用下的伯努利方程

当质量力只有重力时，由式（1-29）和式（1-30）可得伯努利方程为

$$z + \frac{p}{\rho g} + \frac{u^2}{2g} = C \tag{1-31}$$

式（1-31）即为重力作用下，理想不可压缩流体恒定流动的伯努利方程。对于有旋流动，仅沿流线适用；而对于无旋流动，在整个流场中均适用。

根据能量守恒定律，可以将伯努利方程从理想流体扩展到黏性流体。黏性流体在流动过程中会产生流动阻力，为克服阻力做功，流体的一部分机械能将不可逆地转化为热能耗散。因此，流体的机械能沿程减小，总压头线沿程下降。在运动过程中，单位质量流体的位能、压能、动能及损失的能量之和，应该等于运动开始时的位能、压能、动能之和，即

$$z_1 + \frac{p_1}{\rho g} + \frac{u_1^2}{2g} = z_2 + \frac{p_2}{\rho g} + \frac{u_2^2}{2g} + h_w' \qquad (1\text{-}32)$$

式中，h_w' 为元流的压头损失（m）。

式（1-32）称为黏性流体元流的伯努利方程。

实际工程中的管道和渠道内的流动，都是有限断面的总流，将黏性流体元流的伯努利方程推广至总流，可得到黏性流体总流的伯努利方程为

$$z_1 + \frac{p_1}{\rho g} + \frac{\alpha_1 u_1^2}{2g} = z_2 + \frac{p_2}{\rho g} + \frac{\alpha_2 u_2^2}{2g} + h_w \qquad (1\text{-}33)$$

式中，z_1、z_2 为过流断面 1-1、2-2 的位置高度；p_1、p_2 为过流断面 1-1、2-2 上的压强；u_1、u_2 为过流断面 1-1、2-2 的平均流速；α 为动能修正系数；h_w 为单位质量流体从过流断面 1-1 流到过流断面 2-2 的平均机械能损失，称为总流的压头损失。式（1-33）即为实际流体总流的伯努利方程，各项的具体物理意义如图 1-4 所示。

若式（1-33）中的 $h_w = 0$，则

$$z_1 + \frac{p_1}{\rho g} + \frac{\alpha_1 u_1^2}{2g} = z_2 + \frac{p_2}{\rho g} + \frac{\alpha_2 u_2^2}{2g} \qquad (1\text{-}34)$$

式（1-34）为理想流体总流的伯努利方程。

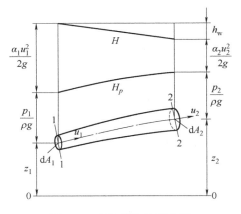

图 1-4　总流的伯努利方程

1.1.4　动量方程

总流的动量方程连同前面介绍的连续性方程、伯努利方程组成流体力学最基本的三大方程。将物理学中的动量定理应用于流体质点系并根据质点系动量定理，即可推导得到总流的动量方程。在工程中，经常运用动量方程求解控制体内流体对固体壁面的作用力。

质点系动量定理指出：质点系的动量对时间的导数，等于作用于质点系的外力的矢量和，即

$$\sum \boldsymbol{F} = \frac{\mathrm{d}\boldsymbol{K}}{\mathrm{d}t} = \frac{\mathrm{d}(m\boldsymbol{u})}{\mathrm{d}t}$$

1. 总流的动量方程

依质点系动量定理，在恒定总流中任取 1-1、2-2 两渐变流过流断面，设其面积分别为 A_1、A_2，以两过流断面及总流的侧表面围成的空间为控制体，如图 1-5 所示。

若控制体内的流体经 $\mathrm{d}t$ 时段，由流段 1-2 运动到流段 1'-2' 位置，则动量变化 $\mathrm{d}\boldsymbol{K}$ 应等于 1'-2' 与 1-2 流段内流体的动量 $\boldsymbol{K}_{1'\text{-}2'}$ 和 $\boldsymbol{K}_{1\text{-}2}$ 之差，即

$$\mathrm{d}\boldsymbol{K} = \boldsymbol{K}_{1'\text{-}2'} - \boldsymbol{K}_{1\text{-}2} = (\boldsymbol{K}_{1'\text{-}2} + \boldsymbol{K}_{2\text{-}2'})_{t+\mathrm{d}t} - (\boldsymbol{K}_{1\text{-}1'} + \boldsymbol{K}_{1'\text{-}2})_t$$

对于恒定流动，1'-2 流段的几何形状和流体的质量、流速均不随时间而改变，因此，$\boldsymbol{K}_{1'\text{-}2}$ 也不随时间改变，即

$$(\boldsymbol{K}_{1'\text{-}2})_{t+\mathrm{d}t} = (\boldsymbol{K}_{1'\text{-}2})_t$$

则

$$\mathrm{d}\boldsymbol{K} = \boldsymbol{K}_{2\text{-}2'} - \boldsymbol{K}_{1\text{-}1'}$$

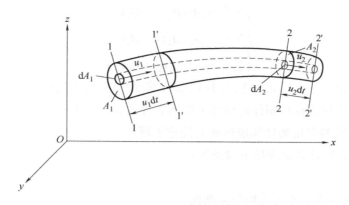

图 1-5　总流的动量方程

为了确定动量 $\boldsymbol{K}_{2\text{-}2'}$ 和 $\boldsymbol{K}_{1\text{-}1'}$，在上述总流内任取一元流进行分析。令过流断面 1-1 上元流的面积为 dA_1，流速为 $\boldsymbol{u}_1$，密度为 ρ_1，则元流 1-1' 流段内流体的动量为 $\rho_1 u_1 dt dA_1 \boldsymbol{u}_1$。因过流断面为渐变流断面，各点的速度平行，按平行矢量和法则，可对断面 A_1 直接积分，得总流 1-1' 流段内流体的动量为

$$\boldsymbol{K}_{1\text{-}1'} = \int_{A_1} \rho_1 u_1 dt dA_1 \boldsymbol{u}_1$$

同理

$$\boldsymbol{K}_{2\text{-}2'} = \int_{A_2} \rho_2 u_2 dt dA_2 \boldsymbol{u}_2$$

$$d\boldsymbol{K} = \boldsymbol{K}_{2\text{-}2'} - \boldsymbol{K}_{1\text{-}1'} = \int_{A_2} \rho_2 u_2 dt dA_2 \boldsymbol{u}_2 - \int_{A_1} \rho_1 u_1 dt dA_1 \boldsymbol{u}_1$$

对于不可压缩流体，$\rho_1 = \rho_2 = \rho$，则有

$$d\boldsymbol{K} = \rho dt \left(\int_{A_2} u_2 \boldsymbol{u}_2 dA_2 - \int_{A_1} u_1 \boldsymbol{u}_1 dA_1 \right) = \rho dt (\beta_2 v_2 A_2 \boldsymbol{v}_2 - \beta_1 v_1 A_1 \boldsymbol{v}_1) = \rho Q dt (\beta_2 \boldsymbol{v}_2 - \beta_1 \boldsymbol{v}_1)$$

式中，β 为动量修正系数，用来修正以断面平均流速 v 代替实际流速 u 计算动量时引起的误差，即

$$\beta = \frac{\int_A u^2 dA}{v^2 A} \tag{1-35}$$

β 值取决于过流断面上速度的分布情况，流速分布较均匀时，$\beta = 1.02 \sim 1.05$，通常取 $\beta = 1.0$。

由质点系动量定理，有

$$\sum \boldsymbol{F} = \frac{d\boldsymbol{K}}{dt} = \frac{\rho Q dt (\beta_2 \boldsymbol{v}_2 - \beta_1 \boldsymbol{v}_1)}{dt}$$

即

$$\sum \boldsymbol{F} = \frac{d\boldsymbol{K}}{dt} = \rho Q (\beta_2 \boldsymbol{v}_2 - \beta_1 \boldsymbol{v}_1) \tag{1-36}$$

式（1-36）即为总流的动量方程，表明单位时间内流出和流入控制体的流体动量差，等于作用在该控制体内流体的合外力。式（1-36）是一个矢量方程，为方便计算，常将它投射到三个坐标轴上，即

$$\begin{cases} \sum F_x = \rho Q(\beta_2 \boldsymbol{v}_{2x} - \beta_1 \boldsymbol{v}_{1x}) \\ \sum F_y = \rho Q(\beta_2 \boldsymbol{v}_{2y} - \beta_1 \boldsymbol{v}_{1y}) \\ \sum F_z = \rho Q(\beta_2 \boldsymbol{v}_{2z} - \beta_1 \boldsymbol{v}_{1z}) \end{cases} \tag{1-37}$$

式中，v_{1x}、v_{1y}、v_{1z} 和 v_{2x}、v_{2y}、v_{2z} 分别为 1-1、2-2 断面的平均流速在 x、y、z 轴方向的分量；$\sum F_x$、$\sum F_y$、$\sum F_z$ 为作用在控制体内流体上的所有外力在三个坐标方向的投影代数和。

2. 总流动量方程的应用条件和应用时的注意事项

应用总流动量方程时必须满足下列条件：

1）恒定流动。

2）所取过流断面为渐变流或均匀流断面。

3）不可压缩流体。

应用总流动量方程时还需注意以下方面：

1）总流动量方程对理想流体和实际流体均适用。

2）正确选取控制体，全面分析作用在控制体内流体上的外力。应特别注意控制体外的流体通过两过流断面对控制体内流体的作用力，此力为断面上相对压强与过流断面面积的乘积。

3）总流动量方程式中的动量差是指流出控制体的动量减去流入控制体的动量，两者不能颠倒。

4）由于动量方程是矢量方程，宜采用投影式进行计算。要正确确定外力和流速的投影正负，若外力和流速的投射方向与选定的坐标轴方向相同，则为正；若相反，则为负。关于坐标轴的选择，可根据实际情况确定。

5）流体对固体边壁的作用力 F 与固体边壁对流体的作用力 F' 是一对作用力和反作用力。可应用动量方程先求出 F'，再根据 $F = -F'$ 求得 F。

1.2　涡旋运动的基本知识

流体的涡旋运动是工程和自然界中普遍存在的一种流动现象。本节主要介绍流体涡旋运动的基本概念以及几个重要的定理。

流体的流动究竟是有旋的还是无旋的，是由流体微团本身是否旋转来决定的，即根据流体微团的速度旋度 $\nabla \times u$ 是否为零来确定，而不是根据其运动轨迹形状来确定。如果流体微团的角速度 $\omega \neq 0$，则是有旋运动，或称涡旋运动；反之，则为无旋运动。

自然界中的流体运动大多是有旋的，只是涡旋运动剧烈的程度不同而已。例如，桥墩后的涡旋区、正在航行的船只以及在液体中运动的物体后面的尾迹、大气中的龙卷风等都是涡旋运动的例子。然而，由于自然现象涉及的因素较多，运动又很复杂，为了研究涡旋的运动规律，一般认为流体是理想不可压缩的，在这个基础上分析流场中涡旋的特性和规律。

1.2.1　涡线、涡面、涡管

在有旋流动中，流场的全部或局部区域中连续地充满着绕自身轴线旋转的流体微团，于是形成了一个用旋转角速度 $\boldsymbol{\omega}$ 表示的涡旋场（或称角速度场），$\boldsymbol{\omega}$ 是空间坐标 x，y，z 和时间坐标 t 的连续函数。如同在速度场中引进流线、流管、流束和流量一样，在涡旋场中也可对应地引进涡线、涡面、涡管、涡束和涡通量等概念。

（1）涡线　对于同一时刻的质点线，如果它上面任一点切线方向与该点流体涡量方向一致，这条曲线就称为涡线，如图 1-6 所示。

涡线方程可以表示为

$$\frac{\mathrm{d}x}{\omega_x} = \frac{\mathrm{d}y}{\omega_y} = \frac{\mathrm{d}z}{\omega_z} \tag{1-38}$$

式中，ω_x、ω_y、ω_z 为角速度 $\boldsymbol{\omega}$ 在直角坐标系中的分量。在涡线方程中，时间 t 以参数形式出现，在同一时刻，式（1-38）构成了涡线簇。要注意的是，在某一时刻构成涡线的质点线，在其他时刻不一定是涡线。

（2）涡面　在涡量场中任取一条非涡线的曲线，过该曲线的每一点作同一时刻的涡线，构成一个曲面，称为涡面。

（3）涡管　在涡量场中取一非涡线的闭曲线，通过这一闭曲线上的每点处都有一涡线，这些涡线形成了一封闭管状曲面，称为涡管，如图 1-7 所示。恒定流动的涡管不随时间而变化。

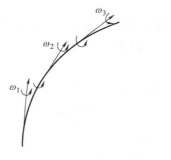

图 1-6　涡线

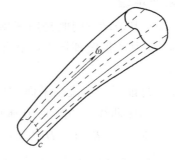

图 1-7　涡管

（4）涡束　与涡管垂直的断面称为涡管断面，微小断面的涡管称为微元涡管。涡管内充满的做旋转运动的流体称为涡束，微元涡管中的涡束称为微元涡束。

1.2.2　涡通量、速度环量和涡管强度

（1）涡通量　涡量场中某一曲面的面积为 A，其面积积分为

$$\boldsymbol{J} = \iint_A 2\boldsymbol{\omega}_{\mathrm{n}} \mathrm{d}A \tag{1-39}$$

式中，$\boldsymbol{J}$ 为过曲面 A 的涡通量；$\boldsymbol{\omega}_{\mathrm{n}}$ 为 $\boldsymbol{\omega}$ 在单位法向矢量 $\boldsymbol{n}$ 上的投影，如图 1-8 所示。

（2）速度环量　某一瞬时，在流场中取一闭曲线 l，在曲线上取一微元线段 $\mathrm{d}l$，速度矢量 $\boldsymbol{u}$ 在 $\mathrm{d}l$ 切线上的分量沿闭曲线 l 的线积分，即为沿该闭曲线的速度环量，即

$$\Gamma_l = \oint_l u \cos\alpha \mathrm{d}l \tag{1-40}$$

式中，α 为速度矢量与该点切线方向的夹角，如图 1-9 所示。

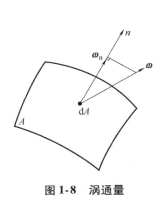

图1-8　涡通量

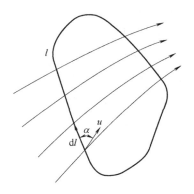

图1-9　速度环量

将式（1-40）写成标量积的形式

$$\Gamma_l = \oint_l u\mathrm{d}l = \oint_l (u_x\mathrm{d}x + u_y\mathrm{d}y + u_z\mathrm{d}z) \tag{1-41}$$

速度环量是标量，有正负号，规定沿曲线绕行的正方向为逆时针方向。

（3）涡管强度　对于涡量场中某时刻的涡管，取涡管的一个横截面 A，称过截面 A 的涡通量为该瞬时的涡管强度。

1.2.3　斯托克斯定理

对于有旋流动，其流动空间既是速度场，又是涡旋场。这两个场之间的关系，就是斯托克斯定理的内容。斯托克斯定理指出：沿有涡旋场中一闭曲线的速度环量 Γ 等于该闭曲线内所有涡通量之和。

现对该定理进行证明。在流动平面 xOy 上取一边长为 $\mathrm{d}x$、$\mathrm{d}y$ 的微元矩形封闭曲线，如图1-10所示。

微元矩形四个顶点 A、B、C、D 的坐标分别为 (x,y)、$(x+\mathrm{d}x,y)$、$(x+\mathrm{d}x,y+\mathrm{d}y)$ 和 $(x,y+\mathrm{d}y)$。A 点处流体质点速度矢量的两个分量分别为 u_x、u_y，由二元函数的泰勒级数展开，其余三点处的速度分量如下。

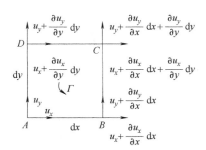

图1-10　微元矩形边界速度环量

B 点：$u_x + \dfrac{\partial u_x}{\partial x}\mathrm{d}x$，$u_y + \dfrac{\partial u_y}{\partial x}\mathrm{d}x$。

C 点：$u_x + \dfrac{\partial u_x}{\partial x}\mathrm{d}x + \dfrac{\partial u_x}{\partial y}\mathrm{d}y$，$u_y + \dfrac{\partial u_y}{\partial x}\mathrm{d}x + \dfrac{\partial u_y}{\partial y}\mathrm{d}y$。

D 点：$u_x + \dfrac{\partial u_x}{\partial y}\mathrm{d}y$，$u_y + \dfrac{\partial u_y}{\partial y}\mathrm{d}y$。

将每边两端点上的速度投影的平均值作为这一边上各点的速度投影值：

AB 边上各点水平方向速度：$u_{xAB} = \dfrac{1}{2}\left(2u_x + \dfrac{\partial u_x}{\partial x}\mathrm{d}x\right)$。

BC 边上各点垂直方向速度：$u_{yBC} = \dfrac{1}{2}\left(2u_y + 2\dfrac{\partial u_y}{\partial x}\mathrm{d}x + \dfrac{\partial u_y}{\partial y}\mathrm{d}y\right)$。

CD 边上各点水平方向速度：$u_{xCD} = \dfrac{1}{2}\left(2u_x + 2\dfrac{\partial u_x}{\partial y}dy + \dfrac{\partial u_x}{\partial x}dx\right)$。

DA 边上各点垂直方向速度：$u_{yDA} = \dfrac{1}{2}\left(2u_y + \dfrac{\partial u_y}{\partial y}dy\right)$。

由式（1-41），沿四边形边界逆时针方向的速度环量为

$$\Gamma = \int_{AB} u_{xAB}dx + \int_{BC} u_{yBC}dy - \int_{CD} u_{xCD}dx - \int_{DA} u_{yDA}dy$$

$$= \frac{1}{2}\left(2u_x + \frac{\partial u_x}{\partial x}dx\right)dx + \frac{1}{2}\left(2u_y + 2\frac{\partial u_y}{\partial x}dx + \frac{\partial u_y}{\partial y}dy\right)dy -$$

$$\frac{1}{2}\left(2u_x + 2\frac{\partial u_x}{\partial y}dy + \frac{\partial u_x}{\partial x}dx\right)dx - \frac{1}{2}\left(2u_y + \frac{\partial u_y}{\partial y}dy\right)dy$$

$$= \left(\frac{\partial u_y}{\partial x} - \frac{\partial u_x}{\partial y}\right)dxdy$$

在 xOy 平面流动中，任意点处的旋转角速度矢量的两个投影为

$$\omega_x = \omega_y = 0, \qquad \omega_z = \frac{1}{2}\left(\frac{\partial u_y}{\partial x} - \frac{\partial u_x}{\partial y}\right)$$

在微元矩形内各点处 ω_z 相等，$\left(\dfrac{\partial u_y}{\partial x} - \dfrac{\partial u_x}{\partial y}\right)dxdy$ 正是通过微元矩形面的涡通量。因此，沿微元矩形边界的速度环量等于通过该微元矩形面的涡通量。这就证明了平面流动中斯托克斯定理对一微元面积的正确性。

在有限大的平面区域中，可以用两组互相垂直的平行线将区域划分成若干微元矩形，然后在每个微元矩形中应用斯托克斯定理并将结果相加，如图 1-11 所示。

在相加环量时，应注意沿两个相邻微元矩形的公共边的速度环量相互抵消，所余正是沿外封闭曲线的速度环量，该环量等于通过各微元矩形面的涡通量总和，即

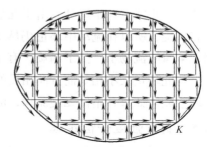

图 1-11　有限单连通域的斯托克斯定理

$$\Gamma_K = 2\iint_A \omega_n dA \tag{1-42}$$

这就是平面上有限单连通域的斯托克斯定理的表达式。它说明沿包围平面上有限单连通域的封闭周线的速度环量等于通过该区域的涡通量。

可将斯托克斯定理推广至空间单连通域。而对于复连通域，需要做一些变换。例如，封闭周线内有一固体物（如叶片的叶型），如图 1-12 所示，将区域在 AB 处切开，可将复连通域变成单连通域，其速度环量可写成

$$\Gamma_{ABK_2B'A'K_1A} = \Gamma_{AB} + \Gamma_{BK_2B'} + \Gamma_{B'A'} + \Gamma_{A'K_1A}$$

由于沿线段 AB 和 $A'B'$ 的切向速度线积分大小相等、方向相反，故 $\Gamma_{AB} + \Gamma_{B'A'} = 0$，而沿内周线的速度环量 $\Gamma_{BK_2B'} = -\Gamma_{K_2}$，沿外周线的速度环量 $\Gamma_{A'K_1A} = \Gamma_{K_1}$。根据斯托克斯定理，有

$$\Gamma_{K_1} - \Gamma_{K_2} = 2\iint_A \omega_n \mathrm{d}A$$

如在外周线内有多个内周线，则上式改写为

$$\Gamma_{K_1} - \sum \Gamma_{K_2} = 2\iint_A \omega_n \mathrm{d}A$$

因此，复连通域的斯托克斯定理可以描述为：通过复连通域的涡通量等于沿这个区域的外周线的速度环量与所有内周线的速度环量总和之差。

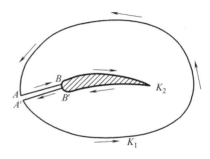

图 1-12　将复连通域转换为单连通域

1.2.4　汤姆逊定理

汤姆逊定理：正压性的理想流体在有势质量力作用下沿任何由流体质点所组成的封闭周线的速度环量不随时间变化。即

$$\frac{\mathrm{d}\Gamma}{\mathrm{d}t} = 0 \tag{1-43}$$

正压流体是指密度仅随压强变化的流体。作用于流体的重力是一种有势力，因而在重力场中的理想正压流体满足汤姆逊定理。

汤姆逊定理和斯托克斯定理说明：对于理想不可压缩流体和可压缩正压流体，在有势质量力作用下，速度环量和涡旋都是不能自行产生的，也不能自行消灭。这是由于理想流体没有黏性，不存在切向应力，不能传递旋转运动，既不能使不旋转的流体微团产生旋转，也不能使已旋转的流体微团停止旋转。换句话说，在这种理想流体中，涡旋不生不灭。例如，理想流体从静止状态开始运动，由于在静止时流场中每一条封闭周线的速度环量都等于零，而且没有涡旋，所以在流动中环量仍然等于零，没有涡旋。如果从静止开始流动后，由于某种原因，某瞬间流场中产生了涡旋，有了速度环量，则根据汤姆逊定理，在同一瞬间必然会产生一个与此环量大小相等而方向相反的涡旋，以保持流场的总环量等于零。

理想流体如果开始做无旋流动，流动将永远是有势的。

1.2.5　涡管强度守恒定理

在同一时刻同一涡管的各个截面上，涡通量都是相同的，即涡管强度是守恒的，与截面的选取无关。

这一定理可以证明如下：如图 1-13 所示，A、B 处是同一涡管的两个涡管断面，在涡管表面取两条无限接近的曲线 AB 和 $A'B'$，于是可以得到一条分布在涡管表面的闭曲线 $ABB'A'A$，由于涡管表面上各点处的旋转角速度矢量都与涡管表面相切，因此通过这一闭曲线的涡通量为 0。

由斯托克斯定理，沿闭曲线的速度环量也为 0。在 AB 和 $B'A'$ 两曲线上各点速度矢量相同，但两曲线正向相反，在图 1-13 中，曲线 AB、$B'A'$ 的正向分别是从 A 到 B 和从 B' 到 A'。沿两条相邻曲线的速度曲线积分大小相等、符号相反，互相抵消，于是得到 $\Gamma_{ABB'A'A} = \Gamma_{BB'} + \Gamma_{A'A} = 0$，

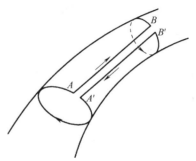

图 1-13　涡管强度守恒定理

即 $\Gamma_{BB'} = -\Gamma_{A'A}$ 或 $\Gamma_{AA'} = \Gamma_{BB'}$。由斯托克斯定理，以闭曲线 AA' 和 BB' 为边界的两个涡管断面的涡通量相等。

由于 A、B 断面是沿涡管任意选取的，因此在同一时刻，同一涡管各截面的涡通量相同，与截面的选取无关。

根据涡管强度守恒定理，可以知道：

1）对于同一涡管，截面积越小的地方，涡通量越大，流体旋转角速度越大，这与沿流管过水断面面积较小处速度矢量有较大值相类似，如图 1-14a 所示。

2）涡管截面不可能收缩到零，因为若收缩到零，则涡量将增至无穷大，这是不可能的。因此，涡管不能在流体中产生或终止，只能在流体中形成环形涡环，或始于边界并终于边界，或伸展至无穷远处，如图 1-14b 所示。

工程中实际不存在理想流体，但在短时间内，可以认为流体运动满足前述条件，从而简化研究过程。

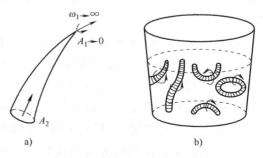

图 1-14　涡管强度守恒定理用图

1.3　几种简单流动的复势

工程中一些复杂的平面有势流动可由几个简单的平面势流叠加得到，下面列出几种常用流动复势表达式。

1.3.1　均匀流

均匀流是指在同一时刻，流场中所有点的速度矢量的大小与方向都相同的平面流动。

均匀流的复势为

$$W(z) = \varphi + \mathrm{i}\psi = u_\infty(x + \mathrm{i}y) = u_\infty z \tag{1-44}$$

式中，势函数 φ 满足下式

$$\mathrm{d}\varphi = u_x \mathrm{d}x + u_y \mathrm{d}y = u_\infty \mathrm{d}x \tag{1-45}$$

式中，u_∞ 为沿无穷远来流方向的速度；u_x 为 u_∞ 沿着 x 方向的速度分量；u_y 为 u_∞ 沿着 y 方向的速度分量。

式（1-45）积分后，得到势函数

$$\varphi = u_\infty x \tag{1-46}$$

流动的流函数 ψ 满足下式

$$\mathrm{d}\psi = -u_y \mathrm{d}x + u_x \mathrm{d}y = u_\infty \mathrm{d}y \tag{1-47}$$

式（1-47）积分后，得到流函数

$$\psi = u_\infty y \tag{1-48}$$

当均匀流的速度方向与 x 轴的夹角为 α 时，其复势为

$$W(z) = u_\infty z \mathrm{e}^{-\mathrm{i}\alpha} \tag{1-49}$$

令势函数 φ 等于一系列常数，得到等势线方程，等势线是流动平面上与 y 轴平行的直线

簇；令流函数 ψ 等于一系列常数，得到流线方程，流线是流动平面上与 x 轴平行的直线簇。这两组直线显然是互相正交的，如图 1-15 所示。

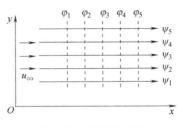

图 1-15　平面均匀流

1.3.2　点源与点汇

如果流体从某点向四周均匀径向流出，这种流动称为点源，这个点称为源点；如果流体从四周往某点呈直线均匀径向流入，这种流动称为点汇，这个点称为汇点，如图 1-16 所示。

将源点或汇点置于坐标原点，设平面上一点到原点的距离为 r，通过该点的一圆心在原点的圆周代表了一单位宽度的柱面，其面积为 $2\pi r$。不可压缩流体通过该柱面的流量应为源或汇的单宽流量 q。柱面上各点的速度矢量与柱面正交，在圆周方向的投影 $u_\theta = 0$，速度矢量在半径方向的投影 u_r 在柱面上均匀分布，因此，u_r 与柱面面积的乘积应等于通过这一柱面的流量 q，即 $2\pi r u_r = q$。由此得到极坐标系下速度矢量的两个投影为

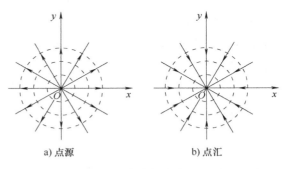

a) 点源　　　　　b) 点汇

图 1-16　点源与点汇

$$u_r = \pm \frac{q}{2\pi r} \tag{1-50}$$

$$u_\theta = 0$$

式中，正、负号分别对应于点源与点汇；流量 q 称为点源与点汇的强度。

流动的势函数 φ 的全微分 $\mathrm{d}\varphi$ 满足：

$$\mathrm{d}\varphi = u_r \mathrm{d}r + r u_\theta \mathrm{d}\theta = \pm \frac{q}{2\pi r}\mathrm{d}r \tag{1-51}$$

积分式（1-51），得到流动的势函数为

$$\varphi = \pm \frac{q}{2\pi}\ln r \tag{1-52}$$

流动的流函数 ψ 的全微分 $\mathrm{d}\psi$ 满足：

$$\mathrm{d}\psi = -u_\theta \mathrm{d}r + r u_r \mathrm{d}\theta = \pm \frac{q}{2\pi}\mathrm{d}\theta \tag{1-53}$$

积分式（1-53），得到流动的流函数为

$$\psi = \pm \frac{q}{2\pi}\theta \tag{1-54}$$

当源点或汇点位于坐标原点时，流动的势函数与流函数的直角坐标系表达式为

$$\varphi = \pm \frac{q}{2\pi}\ln \sqrt{x^2 + y^2} \tag{1-55}$$

$$\psi = \pm \frac{q}{2\pi}\arctan(y/x) \tag{1-56}$$

当源点或汇点不在坐标原点而在平面上的点 (x_0, y_0) 处时，势函数与流函数的直角坐标系表达式为

$$\varphi = \pm \frac{q}{2\pi}\ln\sqrt{(x-x_0)^2 + (y-y_0)^2} \tag{1-57}$$

$$\psi = \pm \frac{q}{2\pi}\arctan\frac{y-y_0}{x-x_0} \tag{1-58}$$

点源或点汇的复势为

$$W(z) = \varphi + \mathrm{i}\psi = \pm\frac{q}{2\pi}(\ln r + \mathrm{i}\theta) = \pm\frac{q}{2\pi}\ln(r\mathrm{e}^{\mathrm{i}\theta})$$

即

$$W(z) = \pm\frac{q}{2\pi}\ln z \tag{1-59}$$

当源点或汇点不在坐标原点，而在点 z_0 $(z_0 = x_0 + \mathrm{i}y_0)$ 处时，其复势为

$$W(z) = \pm\frac{q}{2\pi}\ln(z-z_0) \tag{1-60}$$

1.3.3 点涡

平面上流体质点绕一固定点做匀速圆周运动，不同半径圆周上质点的运动速度反比于圆周半径，这就形成了平面上一点涡，如图 1-17 所示。

将坐标原点置于上述固定点，流体质点绕一半径为 r、圆心在固定点的圆周运动，由于质点速度矢量与圆周相切，因而其径向投影 $u_r = 0$，其圆周方向投影 $u_\theta = \dfrac{\Gamma}{2\pi r}$。由于 Γ 在任一圆周上是一常数，称为点涡的强度，当 $\Gamma > 0$ 时，表示质点做逆时针方向转动。极坐标系下，速度分量为

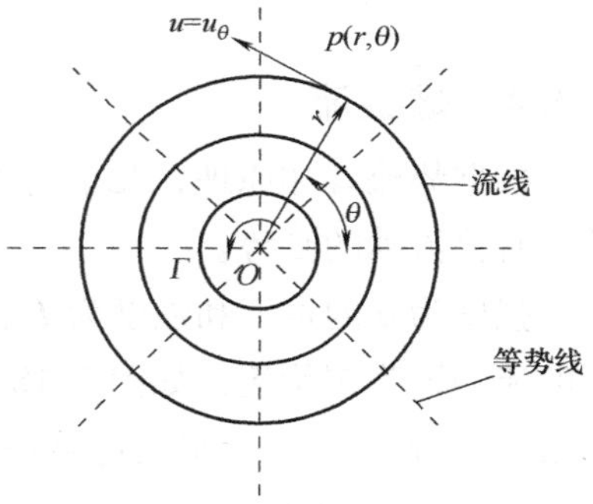

$$\left.\begin{array}{l} u_r = 0 \\[2mm] u_\theta = \dfrac{\Gamma}{2\pi r} \end{array}\right\} \tag{1-61}$$

图 1-17 点涡

流动的势函数 φ 的全微分 $\mathrm{d}\varphi$ 满足：

$$\mathrm{d}\varphi = u_r\mathrm{d}r + ru_\theta\mathrm{d}\theta = \frac{\Gamma}{2\pi}\mathrm{d}\theta \tag{1-62}$$

积分式（1-62），得到流动的势函数为

$$\varphi = \frac{\Gamma}{2\pi}\theta \tag{1-63}$$

流动的流函数 ψ 的全微分 $\mathrm{d}\psi$ 满足：

$$\mathrm{d}\psi = -u_\theta\mathrm{d}r + ru_r\mathrm{d}\theta = -\frac{\Gamma}{2\pi}\frac{1}{r}\mathrm{d}r \tag{1-64}$$

积分式（1-64），得到流动的流函数为

$$\psi = -\frac{\Gamma}{2\pi}\ln r \tag{1-65}$$

点涡流动的势函数和流函数的平面直角坐标系表达式为

$$\varphi = \frac{\Gamma}{2\pi}\arctan\frac{y}{x}$$

(1-66)

$$\psi = -\frac{\Gamma}{2\pi}\ln\sqrt{x^2 + y^2}$$

当点涡不在平面直角坐标系的原点而在平面上的点 (x_0, y_0) 处时，势函数和流函数的直角坐标表达式分别为

$$\varphi = \frac{\Gamma}{2\pi}\arctan\left[(y - y_0)/(x - x_0)\right]$$

(1-67)

$$\psi = -\frac{\Gamma}{2\pi}\ln\sqrt{(x - x_0)^2 + (y - y_0)^2}$$

点涡的复势为

$$W(z) = \varphi + i\psi = \frac{\Gamma}{2\pi}(\theta - i\ln r) = \frac{\Gamma}{2\pi i}(\ln r + i\theta) = \frac{\Gamma}{2\pi i}\ln(re^{i\theta})$$

即

$$W(z) = \frac{\Gamma}{2\pi i}\ln z$$

(1-68)

当点涡的位置不在坐标原点，而在点 z_0（$z_0 = x_0 + iy_0$）处时，其复势为

$$W(z) = \frac{\Gamma}{2\pi i}\ln(z - z_0)$$

(1-69)

1.3.4 螺旋流

根据势流叠加原理，几个简单的平面势流的复势和依然为一解析的复变函数，仍可作为某一有势流动的复势。

强度为 q 的点汇和强度为 Γ 的点涡（$q > 0$，$\Gamma > 0$）叠加后的流动即为螺旋流，如图 1-18 所示，令 $\varphi = C_1$，经计算可以得到 $r = C_1 e^{\Gamma\theta/q}$，在平面极坐标系下，这一方程代表的等势线是平面对数螺旋线。同样，流线也是平面对数螺旋线 $r = C_2 e^{-q\theta/\Gamma}$，且这两条曲线相互正交。螺旋流的势函数和流函数分别为

$$\varphi = -\frac{q}{2\pi}\ln r + \frac{\Gamma}{2\pi}\theta$$

(1-70)

$$\psi = -\frac{q}{2\pi}\theta - \frac{\Gamma}{2\pi}\ln r$$

(1-71)

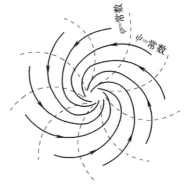

图 1-18　点汇与点涡

1.3.5 平面偶极子流

平面偶极子流的复势为

$$W(z) = \frac{M}{2\pi z}$$

(1-72)

式中，M 为偶极矩，它是在 $(-a, 0)$ 处强度为 q 的源和 $(a, 0)$ 处强度为 $-q$ 的汇叠加后，使 $2a \to 0$ 所求得的极限。即

$$M = \lim_{\substack{2a \to 0 \\ q \to \infty}} (2aq)$$

偶极子流是这一极限状态下的流动，M 为常数矢量，方向为从点汇到点源。

利用平面直角坐标与极坐标的关系，可以得到偶极子流的势函数与流函数的极坐标表达式为

$$\varphi = \frac{M}{2\pi} \frac{\cos\theta}{r} \tag{1-73}$$

$$\psi = -\frac{M}{2\pi} \frac{\sin\theta}{r} \tag{1-74}$$

1.3.6 圆柱体绕流

下面将绕圆柱体的流动分为无环量绕流和有环量绕流两种情况进行简要介绍。

1. 圆柱体无环量绕流

圆柱体静止时，形成无环量绕流。均匀流绕过无穷长圆柱体可以看成是由均匀流和偶极子流叠加而成的平面流动。

下面分析由均匀流、偶极子流合成的平面流动特性。

（1）复势、势函数与流函数　流动复势为

$$W(z) = u_\infty z + \frac{M}{2\pi z} = ru_\infty \cos\theta \left(1 + \frac{r_0^2}{r}\right) + iru_\infty \sin\theta \left(1 - \frac{r_0^2}{r}\right) \tag{1-75}$$

式中，r_0 为圆柱体半径。

将式（1-75）分解，即可求出相应的速度势函数与流函数

$$\varphi = u_\infty x + \frac{M}{2\pi} \frac{x}{x^2 + y^2} = u_\infty x + \frac{u_\infty r_0^2 x}{x^2 + y^2} \tag{1-76}$$

$$\psi = u_\infty y - \frac{M}{2\pi} \frac{y}{x^2 + y^2} = u_\infty y - \frac{u_\infty r_0^2 y}{x^2 + y^2} \tag{1-77}$$

上面两个函数的极坐标表达式为

$$\varphi = ru_\infty \cos\theta \left(1 + \frac{r_0^2}{r^2}\right) \tag{1-78}$$

$$\psi = ru_\infty \sin\theta \left(1 - \frac{r_0^2}{r^2}\right) \tag{1-79}$$

式（1-75）、（1-78）、（1-79）中 $r_0 \leq r$，表征位于圆柱体外部。

（2）速度分布　绕流速度的极坐标系可以表示为

$$u_r = \frac{\partial\varphi}{\partial r} = \frac{1}{r} \frac{\partial\psi}{\partial\theta} = u_\infty \cos\theta \left(1 - \frac{r_0^2}{r^2}\right) \tag{1-80}$$

$$u_\theta = -\frac{\partial\psi}{\partial r} = \frac{1}{r} \frac{\partial\varphi}{\partial\theta} = -u_\infty \sin\theta \left(1 - \frac{r_0^2}{r^2}\right) \tag{1-81}$$

圆柱体表面上 $r = r_0$，代入式（1-80）和式（1-81），得到圆柱体表面速度分布为

$$u_r = 0 \tag{1-82}$$

$$u_\theta = -2u_\infty \sin\theta \tag{1-83}$$

式（1-82）表明，圆柱体表面上的速度矢量没有径向分量，流体不可能穿透或离开圆柱体，符合固壁流动特点。式（1-83）表明，柱面上的速度按正弦曲线规律分布。如图 1-19 所示，在 $\theta = 0$（B 点）和 $\theta = 2\pi$（A 点）处，$u_\theta = 0$，A、B 两点是分流点，也称为驻点。在 $\theta = \pm 90°$ 处，u_θ 达到最大值，$|u_\theta| = 2u_\infty$，即等于无穷远处来流速度的 2 倍。

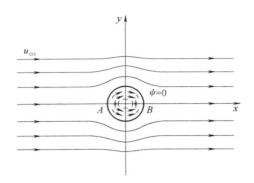

图 1-19　均匀流绕过圆柱体的无环量绕流

沿柱面的速度环量为

$$\Gamma = \oint u_\theta \mathrm{d}s = -2u_\infty r_0 \int_0^{2\pi} \sin\theta \mathrm{d}\theta = 0 \qquad (1\text{-}84)$$

均匀流绕过柱面的速度环量等于零，故称为无环量绕流。

（3）柱面压强分布　圆柱表面压强分布可由式（1-85）分析

$$p = p_\infty + \frac{\rho u_\infty^2}{2}(1 - 4\sin^2\theta) \qquad (1\text{-}85)$$

式（1-85）表明，在圆柱表面的两个驻点处，压强达到最大值；而在圆柱表面 $\theta = \pm 90°$ 处，压强降到最低值。

引入压强系数表示流体作用在物体表面上任一点的压强，即

$$C_p = \frac{p - p_\infty}{\dfrac{1}{2}\rho u_\infty^2} \qquad (1\text{-}86)$$

将式（1-85）代入式（1-86），得

$$C_p = 1 - 4\sin^2\theta \qquad (1\text{-}87)$$

式（1-87）说明，沿圆柱面的压强系数与圆柱体的半径以及均匀流的速度、压强分布无关。可以将该特点推广到其他形状的物体（如叶片的叶型等）上去。

（4）柱面合力　关于流体作用于圆柱面上的合力，在式（1-85）中，以 $-\theta_0$ 代替 θ_0，压强值 p 不变，说明圆柱体表面压强分布对称于 x 轴，圆柱表面压强不产生 y 方向的合力。以 $\pi - \theta_0$ 代替 θ_0，压强值也不变，说明圆柱体表面压强分布对称于 y 轴，圆柱表面压强不产生 x 方向的合力。可见，圆柱表面流体压强的合力为零。

均匀流绕流任一静止翼型时，翼型表面所受到的总作用力与均匀流动方向一致的分量和与均匀流动方向垂直的分量分别称为翼型所受的阻力 F_D 与升力 F_L。现在可以看到，理想均匀流绕流圆柱体时，圆柱体的阻力 F_D 和升力 F_L 都等于零。

2. 圆柱体有环量绕流

与上面分析的不同之处在于，圆柱体以等角速度 ω 绕其轴线沿顺时针方向转动。故这一流动就成为均匀流绕过圆柱体有环量的绕流，可以看成是由均匀流、偶极子流及点涡三个流动叠加而成的。

下面分析由均匀流、偶极子流和点涡合成的平面流动特性。

（1）复势、势函数与流函数　流动复势为

$$W(z) = u_\infty z + \frac{M}{2\pi z} + \frac{\Gamma}{2\pi \mathrm{i}} \ln z \tag{1-88}$$

叠加后的平面流动的势函数和流函数，可以由式（1-88）分解得到，也可以是均匀流、偶极子流和点涡的势函数、流函数的代数和，即

$$\varphi = u_\infty x + \frac{u_\infty r_0^2 x}{x^2 + y^2} + \frac{\Gamma}{2\pi} \arctan \frac{y}{x} \tag{1-89}$$

$$\psi = u_\infty y - \frac{u_\infty r_0^2 y}{x^2 + y^2} - \frac{\Gamma}{2\pi} \ln \sqrt{x^2 + y^2} \tag{1-90}$$

上面两个函数的极坐标表达式为

$$\varphi = u_\infty r \cos\theta + \frac{u_\infty r_0^2}{r} \cos\theta + \frac{\Gamma}{2\pi} \theta \tag{1-91}$$

$$\psi = u_\infty r \sin\theta - \frac{u_\infty r_0^2}{r} \sin\theta - \frac{\Gamma}{2\pi} \ln r \tag{1-92}$$

（2）速度分布　绕流速度的极坐标表达式为

$$u_r = \frac{1}{r} \frac{\partial \psi}{\partial \theta} = \frac{\partial \varphi}{\partial r} = u_\infty \cos\theta \left(1 - \frac{r_0^2}{r^2} \right) \tag{1-93}$$

$$u_\theta = \frac{1}{r} \frac{\partial \varphi}{\partial \theta} = -\frac{\partial \psi}{\partial r} = -u_\infty \sin\theta \left(1 + \frac{r_0^2}{r^2} \right) + \frac{\Gamma}{2\pi} \frac{1}{r} \tag{1-94}$$

圆柱体表面上 $r = r_0$，故速度分布为

$$u_r = 0, \quad u_\theta = -2u_\infty \sin\theta + \frac{\Gamma}{2\pi r_0} \tag{1-95}$$

可以看到，柱面上流体速度没有径向分量，流体只能沿圆周方向流动，故圆柱表面是一条流线。

当柱体做顺时针转动，点涡强度 $\Gamma < 0$ 时，圆柱体上部环流的速度方向与均匀流的速度方向相同，而下部则相反。叠加的结果使得上部的速度增加、下部的速度减小，从而破坏了流线关于 x 轴的对称性，使驻点向下移动。驻点方程为

$$\sin\theta = \frac{\Gamma}{4\pi u_\infty r_0} \tag{1-96}$$

驻点位置如图 1-20a、b、c 所示：

1）如果 $|\Gamma| < 4\pi u_\infty r_0$，则 $|\sin\theta| < 1$，驻点出现在圆柱表面的 3、4 象限中并对称于 y 轴。在来流速度保持不变的情况下，A、B 两个驻点随 $|\Gamma|$ 值的增加而向下移动，并互相靠拢，如图 1-20a 所示。

2）如果 $|\Gamma| = 4\pi u_\infty r_0$，则 $|\sin\theta| = 1$，两个驻点重合成一点，出现在圆柱表面的最下端，如图 1-20b 所示。

3）如果 $|\Gamma| > 4\pi u_\infty r_0$，则 $|\sin\theta| > 1$，柱面上将没有驻点，驻点将脱离圆柱表面沿 y 轴向下移到某一位置，如图 1-20c 所示。

当柱体做逆时针转动时，驻点的位置沿 y 轴向上移动。

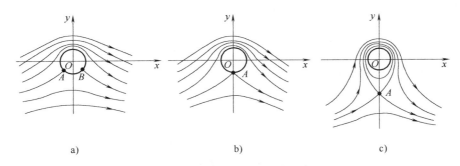

图 1-20 圆柱体有环量绕流的驻点位置

（3）柱面压强分布 由伯努利方程得到

$$p = p_\infty + \frac{\rho}{2}\left[u_\infty^2 - \left(-2u_\infty\sin\theta + \frac{\Gamma}{2\pi r_0}\right)^2\right] \tag{1-97}$$

（4）柱面合力 以 θ_0 和 $\pi - \theta_0$ 代入式（1-97）所得值相等，表明作用在旋转圆柱表面的压强关于 y 轴对称，流体作用于圆柱表面的合力没有 x 方向的分量，阻力 $F_D = 0$。但是，流体作用于旋转圆柱表面的压强关于 x 轴并不对称，圆柱体上作用有一与流动方向垂直的升力 F_L，即

$$F_L = \int_0^{2\pi} - p r_0 \sin\theta \mathrm{d}\theta = -\int_0^{2\pi} r_0 \sin\theta\left\{p_\infty + \frac{\rho}{2}\left[v_\infty^2 - \left(-2v_\infty\sin\theta + \frac{\Gamma}{2\pi r_0}\right)^2\right]\right\}\mathrm{d}\theta \tag{1-98}$$

$$= -\rho v_\infty \Gamma$$

式（1-98）即为库塔-茹科夫斯基升力公式，式中负号表明圆柱体所受流体升力方向沿 y 轴负向。放置在均匀流中与流动方向垂直的单位长度的旋转圆柱体所受升力的大小与来流速度 u_∞、流体密度 ρ 和旋转圆柱引起的环量 Γ 成正比，升力方向应将来流方向沿圆柱旋转方向反向旋转 90°，如图 1-21 所示。

库塔-茹科夫斯基升力公式可以推广应用于理想流体均匀流绕过任何形状有环量无分离的平面流动，如流线型的翼型绕流等，在轴流式水泵、水轮机叶片等的设计中有重要应用。

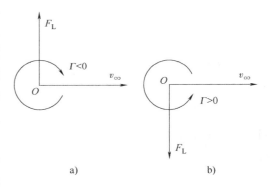

图 1-21 圆柱升力方向

第 2 章

翼 型 绕 流

机翼理论的研究对象是飞机的机翼、尾翼和导弹机翼以及一切以流体为工作介质的叶片式流体机械，如泵和水轮机工作轮的叶片以及导水机构的导叶。应用流体力学理论分析研究机翼的气动力特性，即分析研究升力和阻力的产生原因、变化规律与计算方法。

2.1 机翼的几何参数和翼型的气动力特性

2.1.1 机翼的几何参数

1. 机翼的平面形状及几何参数

机翼的平面形状是指机翼的俯视正投影图，按平面图形分为矩形机翼、椭圆形机翼、梯形机翼、后掠形（箭形）机翼、三角形机翼等，如图 2-1 所示。最早曾广泛采用矩形机翼，其制造方便，但气动力特性不好；对于低速飞机，椭圆形机翼具有良好的气动力特性，但因其制造困难而未被广泛采用；低速飞机用得最广的是梯形机翼，现代超声速飞机广泛采用后掠机翼和三角形机翼。

决定平面形状的主要参数有翼展、机翼面积、展弦比、根梢比和后掠角，以后掠翼为例，其几何参数如图 2-2 所示。

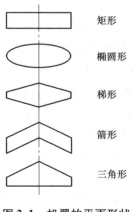

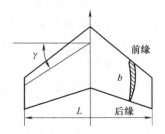

图 2-1　机翼的平面形状　　　　图 2-2　机翼的几何参数

1）翼展是机翼两端之间的距离，用 L 表示。

2）机翼面积是机翼平面图形的面积，用 A 表示。

3）展弦比为翼展与翼弦之比，用 λ 表示。其中，翼弦为翼型剖面前缘点与后缘点之间的距离，用 b 表示。由于翼弦沿翼展方向是变化的，因而引入平均翼弦代替翼弦，它是机翼面积与翼展之比，即

$$b_{平均} = \frac{A}{L} \tag{2-1}$$

$$\lambda = \frac{L}{b_{平均}} = \frac{L^2}{A} \tag{2-2}$$

展弦比是机翼平面形状中影响机翼气气动力特性的最重要参数，一般低速远程飞机采用较大的展弦比，而高速短程飞机采用较小的展弦比。

4）根梢比是翼根弦长与翼梢弦长之比，用 η 表示，即

$$\eta = \frac{b_{根}}{b_{梢}} \tag{2-3}$$

一般 $\eta = 1.25 \sim 3.5$。

5）后掠角是离机翼前缘 1/4 弦长处的直线（称为机翼轴）与垂直于机翼对称平面的直线（横轴）之间的夹角，用 γ 表示，机翼 z 轴向后的取正值。高速飞机常采用较大的后掠角，近代的某些飞机上后掠角可以变化，在不同的飞行速度下采用不同的后掠角，称为可变翼飞机。

2. 机翼的剖面形状（翼型）及其几何参数

机翼的剖面形状即翼型，它是用平行于机翼对称面的平面去截机翼而得到的剖面形状，其轮廓线为曲线，前部较厚且有小圆弧状前缘，后部较薄且有一较尖的后缘，翼型上表面前部曲率较大，后部曲率较小，下表面的曲率相对较小，如图 2-3 所示，这样的翼型有较大的升力。

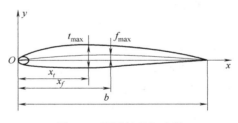

图 2-3　翼型的几何参数

翼型的几何形状对机翼的气动力特性有很大的影响。

（1）翼弦　翼弦是连接翼型前缘、后缘点间的直线，用 b 表示。后缘点通常是一个较尖的突点，因此比较明确；而关于前缘点则有一些相近的不同说法，有的指翼型周线上离后缘点最远的点，也有的指翼型前端曲率半径最小的点。于是，翼型为过后缘点引下弧的切线，再过前缘点作切线的垂线，则垂足至后缘点间的切线段为翼弦，也称几何翼弦。

（2）翼型厚度　垂直于翼弦而被翼型上下表面型线所截的各直线段为翼型的厚度，用 t 表示，其中最大者称为最大厚度 t_{max}，通常将 t_{max} 作为翼型厚度的代表，最大厚度与弦长之比 t_{max}/b 称为相对厚度。最大厚度沿弦长到前缘点的距离用 x_t 表示，最大厚度的相对位置为 $\overline{x_t} = x_t/b$。

（3）翼型中线（也称骨线）　翼型中线是翼型轮廓线内切圆的圆心连线，也有的定义为翼型厚度中点的连线。

（4）翼型弯度（拱度）　翼型中线到翼弦的距离称为翼型弯度，用f表示，其中的最大值称为最大弯度f_{max}。最大弯度f_{max}到前缘点的距离用x_f表示，它与弦长之比是最大弯度的相对位置$\overline{x_f}=x_f/b$。有些机翼的中线靠近后缘部分有负弯度，近代飞机机翼所用翼型的相对厚度、相对弯度都较小。

2.1.2 翼型的气动力特性及其影响因素

1. 翼型的气动力特性

翼型的气动力特性是指机翼与绕流流体相互作用的力学特性。如图2-4所示，设机翼以速度v_∞在空气中运动，这相当于机翼静止，空气以无穷远来流v_∞绕过机翼，在翼型绕流中，由于翼型的特殊形状，上表面流速高、压强小，下表面流速低、压强大，于是翼型受到一个合力F_R，合力F_R在垂直来流v_∞方向的分力F_L叫升力，而在来流v_∞方向的分力F_D叫阻力，合力对某参考点将作用有力矩M。翼型的气动力特性有冲角等。

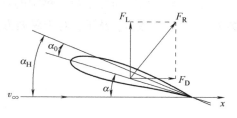

图2-4　翼型的气动力特性

（1）冲角（攻角）　几何翼弦与来流v_∞方向的夹角叫几何冲角，简称冲角，它表示翼型与来流之间的相对位置，用α表示。

无升力冲角：要改变来流方向，当在某一冲角时，翼型升力恰好为零，这时过后缘点零升力来流方向的直线称为该翼型的气动翼弦，气动翼弦与几何翼弦的夹角称为无升力冲角，用α_0表示，一般$\alpha_0 = 0° \sim 2°$。

流体气动力冲角：以无升力方向为参考方向，则来流v_∞与无升力方向（气动翼弦）的夹角称为流体气动力冲角，用α_H表示。则

$$\alpha_H = \alpha - \alpha_0 \tag{2-4}$$

因α_0为负值，故前面有负号。

（2）升力产生的原因　机翼被气流绕过时要产生升力，这是翼型上、下表面气流速度不同，造成压强不同而产生的。

1）对称翼型。如图2-5a所示，当流动具有一定的冲角时，其流动图形是不对称的，上表面流线密、流速大、压强小，下表面流线疏、流速小、压强大，下表面的压力大于上表面的压力，所产生向上的压力差就是升力。对称翼型当冲角为零时，会产生上、下表面对称的流动图形，上、下表面的压力对称于翼弦，压力在与来流垂直方向的分力相平衡，升力为零。

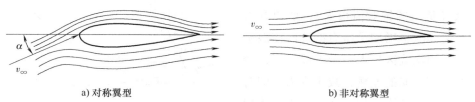

a) 对称翼型　　　　　　　　　　　　　　b) 非对称翼型

图2-5　翼型升力图

2）非对称翼型。如图 2-5b 所示，当冲角为零时，流动图形是不对称的，上表面流线密、流速大、压强小，而下表面流线疏、流速小、压强大，有向上的压力差而产生升力。但当冲角 α 等于零冲角，即 $\alpha = \alpha_0$ 时，其流动图形虽然不对称，却会产生在与来流垂直方向互相平衡的压力分布，所以升力为零。

总之，要产生升力，不在于翼型本身是否对称，而是要具有压力在与来流垂直方向分量不能互相平衡的非对称流动图形。

（3）无量纲气动力系数　翼型的升力 F_L、阻力 F_D、力矩 M 分别用升力系数 C_L、阻力系数 C_D、力矩系数 C_M 表征。对于翼展方向单位长度的翼型，它们的定义分别是

$$C_L = \frac{F_L}{\frac{1}{2}\rho v_\infty^2 b} \tag{2-5}$$

$$C_D = \frac{F_D}{\frac{1}{2}\rho v_\infty^2 b} \tag{2-6}$$

$$C_M = \frac{M}{\frac{1}{2}\rho v_\infty^2 b^2} \tag{2-7}$$

式中，ρ 为来流介质的密度（kg/m^3）；v_∞ 为无穷远来流速度（m/s）；b 为翼型弦长（m）。

2. 翼型的气动力特性曲线

机翼的升力 F_L、阻力 F_D 及力矩 M_0（对前缘点）等气动力特性取决于翼型与来流之间的相对位置，即与冲角 α 有关。当翼型一定时，升力系数 C_L、阻力系数 C_D、力矩系数 C_M 是冲角 α 的函数，因而可通过试验作出升力系数与冲角 C_L-α、阻力系数与冲角 C_D-α 以及力矩系数与冲角 C_M-α 等关系曲线。

（1）C_L-α、C_D-α、C_M-α 曲线　对应不同的冲角 α 值，测出相应的升力系数 C_L、阻力系数 C_D、力矩系数 C_M，再以 α 为横标，以 C_L、C_D、C_M 为纵标，画出 C_L-α、C_D-α、C_M-α 三条曲线，如图 2-6 所示。由图 2-6 可以看出：

1）C_L-α 升力曲线在 $\alpha < 15°$ 的实用范围内基本近似为一条直线，当冲角 α 增大到某一临界值时，升力系数达到最大值。实用最大升力系数 $C_{Lmax} = 1.2 \sim 1.5$，对应的冲角 $\alpha_{cr} = 12° \sim 15°$；而后再增大冲角，则升力系数急剧下降而突然失去支撑力，这一现象称为失速，飞机在此情况下将有坠机的危险。失速现象的产生与机翼上表面的气流在前缘点附近发生边界层分离有关，因为当冲角很大时，上表面靠近前缘处压强很低（负压的绝对值很大），所以升力很大，但与此同时也增加了压力抵抗而使涡旋区向前扩大，当涡旋区扩大到接近前缘时，会降低压力在垂直方向的差额，减小升力，同时来流方向的阻力却急剧增加，从而产生失速现象，零升力冲角为 $\alpha_0 = -6° \sim 0°$。

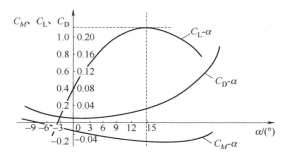

图 2-6　翼型的气动力系数曲线

2）C_D-α 阻力曲线接近抛物线，在其实用范围内，C_D 随 α 的增大增加得较缓慢，在不大的负冲角下，取最小值 C_{Dmin}，飞机在此冲角下将获得最大水平速度。当 $\alpha > 15°$ 时，C_D 急剧增加，阻力增大。

3）C_M-α 力矩曲线，使翼型抬头的为正。

（2）C_L-C_D 曲线（也称极曲线）　以冲角 α 为参数，C_L 为纵坐标，C_D 为横坐标，给定一个冲角 α，测出该冲角下的 C_L、C_D 值，可确定一点，并在该点旁标出相应的冲角，给出不同的 α 值，则可以得到一系列点，连接所有的点即可得极曲线，如图 2-7 所示。

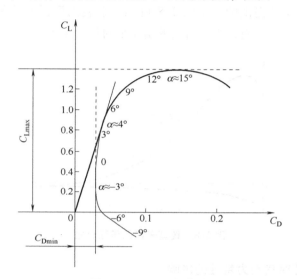

图 2-7　C_L-C_D 极曲线

极曲线有以下作用：

1）从图上可以同时读出某一冲角下的升力系数 C_L 和阻力系数 C_D。

2）极曲线上任一点 A 与坐标原点 O 的连线 OA 的方向就是翼型所受合力 F_R 的方向，OA 的长度代表该冲角下合力系数 C_R 的大小。则有

$$C_R = \frac{F_R}{\frac{1}{2}\rho v_\infty^2 b} = \sqrt{C_L^2 + C_D^2} \tag{2-8}$$

线段 OA 与横轴的夹角为合力 F_R 与来流 v_∞ 的夹角。

3）直线 OA 的斜率 K 表示升阻比，即

$$K = \frac{C_L}{C_D} \tag{2-9}$$

升阻比越大，翼型的效率越高，故又称其为气动力效率。由原点 O 作极曲线的切线，切线的斜率为最大升阻比，切点所对应的冲角为最佳冲角，显然这是飞机的最佳飞行状态。升阻比的倒数称为滑翔系数，用 ε 表示

$$\varepsilon = \frac{C_D}{C_L} \tag{2-10}$$

（3）压力中心、焦点

1）压力中心。合力 F_R 与翼弦的交点 S 称为压力中心，其相对位置 $\overline{x_S} = x_S/b$。压力中心随 α 而改变，对称翼型的压力中心变化不大，而非对称翼型的压力中心则随 α 改变较大。

2）焦点。在低速无分离时，翼型中都存在一几何点，当冲角改变时，总气动力对该点的力矩不变，这个点称为焦点，它一般位于 1/4 弦长处。

3. 翼型表面的压强分布

如图 2-8 所示，当气流在翼型表面分离不大时，由风洞测得上、下表面的压强分布，翼型升力是由上、下表面压差提供的。由图 2-8 可知，上表面压强系数是负值，为吸力面；下表面压强系数是正值，为压力面，而吸力面的负压值对压力差的贡献远大于压力面。

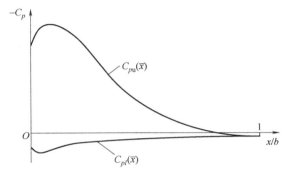

图 2-8　翼型表面的压强分布

4. 翼型的几何特征对气动力特性的影响

（1）弯度　在保证其他几何特性不变的情况下，对于同一冲角仅增加弯度，升力、阻力系数都将上升，由于阻力比升力上升得更快，因此最佳升阻比下降。这是因为在升力增加的同时，由于上表面速度增加，摩擦阻力增大，加之翼型迎风面积增大，压差阻力也增大，导致阻力增加。

（2）厚度　对于同一弯度，在同一冲角下厚度增加时，上弧更拱，流速加快，升力增大，但由于流速快、摩擦阻力增加，同时迎风面积增大、阻力增加，故最佳升阻比下降。

（3）前缘点抬高　在负冲角时，阻力变化不大，前缘低垂的翼型在负冲角时，会导致阻力迅速增加。

2.2　保角变换法解翼型绕流问题

保角变换法是指利用解析复变函数的性质，通过一个变换函数 $z = f(\zeta)$ 将辅助平面 ζ 上的简单图形圆 K 变换成物理平面 z 上较复杂的且和实用翼型相类似的封闭曲线 C，由 ζ 平面上已知流动的复势 $W(\zeta)$，求 z 平面上未知流动的复势 $W(z)$，这是一种求解平面势流的间接方法。

1. 数学提法

保角变换法要求物理平面 z 上复杂的物体边界 C 的外域 D 内的解析函数 $W(z)$ 在 $D+C$ 上连续，且满足：

在 C 上 $$\lim W(z) = \psi = 常数 \quad 为流线 \tag{2-11}$$

在无穷远处 $$\left.\frac{\mathrm{d}W(z)}{\mathrm{d}z}\right|_{\infty} = v_{\infty} \tag{2-12}$$

2. 变换函数

设函数 $z = f(\zeta)$ 是单值解析函数,其反函数为 $\zeta = F(z)$,它将 ζ 平面上半径为 a 的圆 K 外域 D' 互为单值且保角地映射到 z 平面上任意剖面封闭曲线 C 的外域 D,并满足

$$\infty 点对应于 \infty$$

$$\left.\frac{\mathrm{d}z}{\mathrm{d}\zeta}\right|_{\infty} = m_{\infty} \quad (m_{\infty} \text{ 为正实数}) \tag{2-13}$$

2.2.1 物理平面与辅助平面的对应关系

1)在物理平面 z 上,流动复势 $W(z)$ 是在 $D + C$ 上连续、在区域 D 内解析的函数。

由已知辅助平面 ζ 上的复势 $W(\zeta)$ 在 $D' + K$ 上连续、在区域 D' 内解析,而 $\zeta = F(z)$ 是在 $D + C$ 上连续、在 D 内解析,根据复合函数的性质

$$W(\zeta) = W[F(z)] = W(z) \tag{2-14}$$

可知 $W(z)$ 仍然是在 $D + C$ 上连续、在 D 内解析。

2)若在 z 平面上任一点 $z = z_0$ 处有奇点,则在 ζ 平面上的对应点 $\zeta = \zeta_0$ 处,$W(\zeta)$ 也具有同样性质的奇点。

证明:设在 z 平面的 $z = z_0$ 点处有点源和点涡,当 $z \to z_0$ 时,只有奇点处的复势起作用,其复势为

$$W(z) = \frac{Q - \mathrm{i}\Gamma}{2\pi} \ln(z - z_0) \tag{2-15}$$

由变换关系 $$z = f(\zeta)$$

$$\left(\frac{\mathrm{d}z}{\mathrm{d}\zeta}\right)_{\zeta = \zeta_0} = \lim_{\zeta \to \zeta_0} \frac{z - z_0}{\zeta - \zeta_0}$$

$$z - z_0 = (\zeta - \zeta_0)\left(\frac{\mathrm{d}z}{\mathrm{d}\zeta}\right)_{\zeta = \zeta_0} \tag{2-16}$$

代入式(2-15)得

$$W(z) = \frac{Q - \mathrm{i}\Gamma}{2\pi} \ln\left[(\zeta - \zeta_0)\left(\frac{\mathrm{d}z}{\mathrm{d}\zeta}\right)_{\zeta = \zeta_0}\right]$$

$$= \frac{Q - \mathrm{i}\Gamma}{2\pi} \ln(\zeta - \zeta_0) + 常数 = W(\zeta) \tag{2-17}$$

可见,在 $\zeta = \zeta_0$ 处具有相同性质、同样强度的奇点。

3)ζ 平面上的等势线和流线对应于 z 平面上仍然是等势线和流线。

因为 $$W(z) = W(\zeta)$$

$$W(\zeta) = \varphi(\zeta, \eta) + \mathrm{i}\Psi(\zeta, \eta)$$

$$W(z) = \phi(x, y) + \mathrm{i}\psi(x, y)$$

则有 $$\phi = \varphi, \quad \psi = \Psi \tag{2-18}$$

而在 ζ 平面上 $\Psi = 常数$(圆 K)代表流线,$\varphi = 常数$代表等势线,所以在 z 平面上 $\psi = 常$

数、$\phi=$ 常数也分别代表流线和等势线。

4）ζ 平面与 z 平面的复速度关系。若 ζ 平面上无穷远处的复速度为 V_∞，z 平面上无穷远处的复速度为 v_∞，则有

$$V_\infty = \left.\frac{\mathrm{d}W(\zeta)}{\mathrm{d}\zeta}\right|_\infty = \left|\frac{\mathrm{d}W(z)}{\mathrm{d}z}\right|_\infty \left|\frac{\mathrm{d}z}{\mathrm{d}\zeta}\right|_\infty = m_\infty v_\infty \tag{2-19}$$

可见，ζ 平面上无穷远处的复速度 V_∞ 是 z 平面上无穷远处复速度 v_∞ 的 m_∞ 倍，而方向不变。

5）在 ζ 平面上，沿任一封闭曲线 l 的速度环量及通过其单位高度的流量等于 z 平面上相应封闭曲线 C 上的速度环量和流量。

证明：因为

$$\oint_l \left[\frac{\mathrm{d}W(\zeta)}{\mathrm{d}\zeta}\right]\mathrm{d}\zeta = \oint_l \frac{\mathrm{d}W(z)}{\mathrm{d}z}\frac{\mathrm{d}z}{\mathrm{d}\zeta}\mathrm{d}\zeta = \oint_C \frac{\mathrm{d}W(z)}{\mathrm{d}z}\mathrm{d}z$$

$$\oint_l \mathrm{d}W(\zeta) = \oint_C \mathrm{d}W(z)$$

$$\oint_l \mathrm{d}\phi + \mathrm{i}\,\mathrm{d}\Psi = \oint_C \mathrm{d}\varphi + \mathrm{i}\,\mathrm{d}\psi$$

$$\Gamma_\zeta + \mathrm{i}Q_\zeta = \Gamma_z + \mathrm{i}Q_z$$

即

$$\left.\begin{array}{c} \Gamma_\zeta = \Gamma_z = \Gamma \\ Q_\zeta = Q_z = Q \end{array}\right\} \tag{2-20}$$

说明变换前后相应封闭曲线上的速度环量和通过该曲线单位高度的流量保持不变。

2.2.2 将任意翼型变为圆柱绕流流动

1. 求解 ζ 平面上无穷远来流速度 V_∞ 与水平方向成 θ_∞ 角的圆柱绕流的复势

如图 2-9 所示，根据圆定理，与 ξ 轴成 θ_∞ 角的均匀直线来流的复势为

$$W_0(\zeta) = |V_\infty|\mathrm{e}^{-\mathrm{i}\theta_\infty}\zeta$$

圆 $|\zeta| = a$ 的镜像的复势是

$$\overline{W_0}\left(\frac{a^2}{\zeta}\right) = |V_\infty|\mathrm{e}^{\mathrm{i}\theta_\infty}\frac{a^2}{\zeta}$$

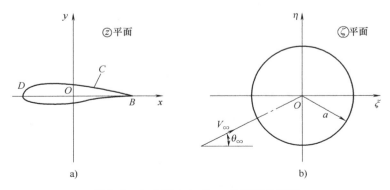

图 2-9　与水平方向成 θ_∞ 角的圆柱绕流

因此，流场内放入圆 $|\zeta|=a$ 后，圆外流场的复势为

$$W(\zeta) = W_0(\zeta) + \overline{W_0}\left(\frac{a^2}{\zeta}\right) = |V_\infty| e^{-i\theta_\infty}\zeta + |V_\infty| e^{i\theta_\infty}\frac{a^2}{\zeta}$$

其中，复速度 $\overline{V_\infty} = |V_\infty| e^{-i\theta_\infty}$；复速度 $V_\infty = |V_\infty| e^{i\theta_\infty}$。

则有

$$W(\zeta) = \overline{V_\infty}\zeta + V_\infty\frac{a^2}{\zeta} \tag{2-21}$$

式（2-21）为无穷远来流与水平方向成 θ_∞ 角的无环量圆柱绕流的复势。

对于有环量圆柱绕流，其复势为

$$W(\zeta) = \overline{V_\infty}\zeta + V_\infty\frac{a^2}{\zeta} + \frac{\Gamma}{2\pi i}\ln\zeta \tag{2-22}$$

设 z 平面上无穷远来流速度 v_∞ 与 ζ 平面上无穷远来流速度 V_∞ 的大小关系为 $V_\infty = m_\infty v_\infty$，现将变换函数 $z = f(\zeta)$ 的反函数 $\zeta = F(z)$ 及 $V_\infty = m_\infty v_\infty$ 代入式（2-22），得到

$$W(\zeta) = W(z) = m_\infty\overline{v_\infty}F(z) + m_\infty v_\infty\frac{a^2}{F(z)} + \frac{\Gamma}{2\pi i}\ln\left[F(z)\right] \tag{2-23}$$

式中，环量 Γ 的方向不定。

2. 恰普雷金假设及环量的确定

（1）恰普雷金假设　因为环量是一个不确定的量，从理论上看，绕翼型的环量有无数多个解，只是不同的环量对应不同的流动图形。确定环量的途径，一是采用实际流体，二是以理想流体模型为研究对象并补充合理的假设。前者由于黏性流体运动的复杂性而不被采用，而应用理想流体模型则比较方便。首先在理想流体条件下分析不同环量翼型绕流的流动图形，然后比较确定哪种绕流的流动图形是客观存在的，由此提出确定环量的补充条件。

对于有尖锐后缘的翼型，在无穷远来流的数值、方向不变的情况下，理想流体绕流翼型可能存在三种不同的速度环量，而具有三种不同的流动图形，如图 2-10 所示。其中图 2-10a 所示情形是流体在后缘点由下表面绕过后缘点流到上表面，而图 2-10c 所示情形则是流体在后缘点由上表面绕过后缘点流向下表面，这两种情形都出现了大于 π 角的绕流。这时在尖端后缘会形成无穷大的速度和无穷大的负压值，这在物理上是不可能的，只有流体平滑地沿着翼型上、下表面汇合于后缘点流出，而且后缘处的流体速度为有限值才是实际存在的，显然实际存在的流动图形是图 2-10b 所示的情形，据此恰普雷金提出了著名的假设。

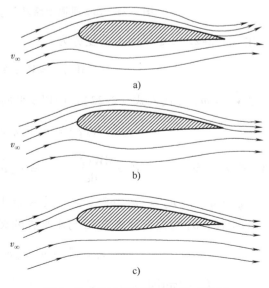

a)

b)

c)

图 2-10　绕流翼型的三种流动图形

恰普雷金假设：在翼型绕流中，理论上可能存在的各种环量中，只有那个能保证后缘点上速度成为有限值的环量，才有实际意义。

（2）环量值的确定 由恰普雷金假设可确定环量值。如图 2-11 所示，由 z 平面上点 B 与 ζ 平面上点 E 的对应关系求 Γ_ζ，经过变换，将 z 平面任意翼型 C 的外部 D 变换成 ζ 平面上半径为 a 的圆 K 的外部 D'，并将 z 平面上的后缘点 B（$z = z_B$）变换到 ζ 平面上的点 E（$\zeta = \zeta_E = a e^{i\varepsilon_0}$），使 z 平面上后缘点 B 处的夹角 $2\pi - \gamma$ 变到 ζ 平面上点 E 的夹角为 π。显然，函数 $z = f(\zeta)$ 在点 B 的保角性被破坏，于是 ζ 平面上的点 E 必须满足

$$\left.\frac{\mathrm{d}z}{\mathrm{d}\zeta}\right|_{\zeta_E} = 0 \tag{2-24}$$

点 E 和点 B 的速度关系为

$$V_E = \left.\frac{\mathrm{d}W(\zeta)}{\mathrm{d}\zeta}\right|_{\zeta_E} = \left[\frac{\mathrm{d}W(z)}{\mathrm{d}z}\right]_{z_B}\left(\frac{\mathrm{d}z}{\mathrm{d}\zeta}\right)_{\zeta_E} = 0 \tag{2-25}$$

式（2-25）表明：ζ 平面上与 z 平面上点 B 对应的点 E 也是驻点，于是，根据 ζ 平面上复速度 $V_E = 0$ 的条件可求出环量值。

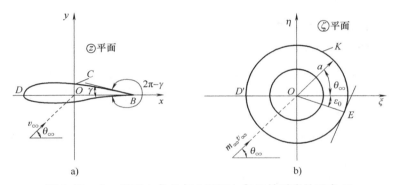

图 2-11 由 z 平面上点 B 与 ζ 平面上点 E 的对应关系求 Γ_ζ

由式（2-22），ζ 平面上的复势为

$$W(\zeta) = \overline{V_\infty}\zeta + V_\infty\frac{a^2}{\zeta} + \frac{\Gamma}{2\pi\mathrm{i}}\ln\zeta$$

将 $\overline{V_\infty} = m_\infty\overline{v_\infty}$ 代入式（2-22），即以 z 平面上的速度表示为

$$W(\zeta) = m_\infty\overline{v_\infty}\zeta + m_\infty v_\infty\frac{a^2}{\zeta} + \frac{\Gamma}{2\pi\mathrm{i}}\ln\zeta \tag{2-26}$$

则 V_E 可表示为

$$V_E = \left.\frac{\mathrm{d}W(\zeta)}{\mathrm{d}\zeta}\right|_{\zeta = \zeta_E} = m_\infty\overline{v_\infty} - m_\infty v_\infty\frac{a^2}{\zeta_E^2} + \frac{\Gamma}{2\pi\mathrm{i}}\frac{1}{\zeta_E} = 0 \tag{2-27}$$

式中，$\zeta_E = a e^{i\varepsilon_0}$；$v_\infty = |v_\infty|e^{i\theta_\infty}$；$\varepsilon_0$ 为 ζ 平面上圆 K 与 z 平面上点 B 的对应点 E 的辐角；a 为圆 K 的半径；θ_∞ 为无穷远来流 v_∞ 与水平轴的夹角，则式（2-27）可变形为

$$m_\infty v_\infty \mathrm{e}^{-\mathrm{i}\theta_\infty} - m_\infty v_\infty \mathrm{e}^{\mathrm{i}(\theta_\infty - 2\varepsilon_0)} + \frac{\Gamma}{2\pi a\mathrm{i}}\mathrm{e}^{-\mathrm{i}\varepsilon_0} = 0$$

$$\begin{aligned}
\Gamma &= 2\pi a\mathrm{i}m_\infty v_\infty \mathrm{e}^{\mathrm{i}\varepsilon_0}\left[\mathrm{e}^{\mathrm{i}(\theta_\infty - 2\varepsilon_0)} - \mathrm{e}^{-\mathrm{i}\theta_\infty}\right] = 2\pi a\mathrm{i}m_\infty v_\infty\left[\mathrm{e}^{\mathrm{i}(\theta_\infty - \varepsilon_0)} - \mathrm{e}^{-\mathrm{i}(\theta_\infty - \varepsilon_0)}\right] \\
&= 2\pi a\mathrm{i}m_\infty v_\infty\left[\cos(\theta_\infty - \varepsilon_0) + \mathrm{i}\sin(\theta_\infty - \varepsilon_0) - \cos(\theta_\infty - \varepsilon_0) + \mathrm{i}\sin(\theta_\infty - \varepsilon_0)\right] \\
&= -4\pi a m_\infty v_\infty\sin(\theta_\infty - \varepsilon_0)
\end{aligned} \tag{2-28}$$

环量值也可由下列方法求得：

已知有环量圆柱绕流驻点与环量的关系为

$$\sin\theta = -\frac{\Gamma}{4\pi a V_\infty}$$

此时，在 ζ 平面上无穷远来流为 $V_\infty = m_\infty v_\infty$，驻点相对来流的辐角为 $\theta_\infty - \varepsilon_0$，于是有

$$\sin(\theta_\infty - \varepsilon_0) = -\frac{\Gamma}{4\pi a m_\infty v_\infty}$$

则

$$\Gamma = -4\pi a m_\infty v_\infty \sin(\theta_\infty - \varepsilon_0)$$

当环量 Γ 满足式（2-28）时，在翼型后缘点处速度为有限值。

2.3　茹科夫斯基翼型绕流

1910 年茹科夫斯基提出了变换函数，其形式为

$$z = \frac{1}{2}\left(\zeta + \frac{a^2}{\zeta}\right) \tag{2-29}$$

其反函数为

$$\zeta = z \pm \sqrt{z^2 - a^2} \tag{2-30}$$

$$\frac{\mathrm{d}z}{\mathrm{d}\zeta} = \frac{1}{2}\left(1 - \frac{a^2}{\zeta^2}\right) \tag{2-31}$$

由式（2-30）可知，反函数 $\zeta = z \pm \sqrt{z^2 - a^2}$ 是一个多值函数，z 平面上的一点对应 ζ 平面上的两点。但在点 $z = \pm a$ 处却是单值的，即 $z = a$ 时 $\zeta = a$，$z = -a$ 时 $\zeta = -a$，所以 $z = \pm a$ 是多值函数的分支点。

由式（2-29）可以看出：当 $z \to \infty$ 时，$\zeta \to \infty$，表明 z 平面上物体型线 C 的外域 D 对应于 ζ 平面上圆的外域 D'，则对应的单值分支应是

$$\zeta = z + \sqrt{z^2 - a^2}$$

由式（2-31）可知，在 ζ 平面上，当 $\zeta = \pm a$ 时，有

$$\left(\frac{\mathrm{d}z}{\mathrm{d}\zeta}\right)_{\zeta = \pm a} = 0 \tag{2-32}$$

说明 $\zeta = \pm a$ 处为奇点，保角性被破坏，除此之外处处具有保角性。

2.3.1　平板绕流

通过茹科夫斯基变换，可将 ζ 平面上圆心在坐标原点、半径为 a 的圆，变换成 z 平面上实轴长为 $2a$ 的平板，如图 2-12 所示。设在 ζ 平面上圆的方程为

$$|\zeta| = a$$

在半径为 a 的圆周上，任一点的平面极坐标为 $\zeta = ae^{i\theta}$，代入式（2-29）得

$$z = \frac{1}{2}(ae^{i\theta} + ae^{-i\theta}) = \frac{a}{2}(e^{i\theta} + e^{-i\theta})$$

$$= \frac{a}{2}\big[(\cos\theta + i\sin\theta) + (\cos\theta - i\sin\theta)\big]$$

$$= a\cos\theta \tag{2-33}$$

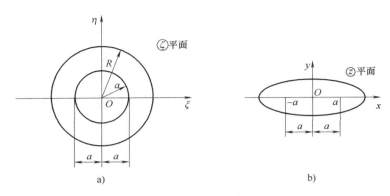

图 2-12　圆变平板

即 $x + \mathrm{i}y = a\cos\theta$，则

$$x = a\cos\theta, \quad y = 0 \tag{2-34}$$

当 ζ 平面上 θ 由 $0\to\pi$ 时，z 平面上 x 由 $a\to -a$；当 ζ 平面上 θ 由 $\pi\to 2\pi$ 时，z 平面上 x 由 $-a\to a$，从而实现将 ζ 平面上半径为 a 的圆变换成 z 平面上实轴长为 $2a$ 的平板。

2.3.2　椭圆绕流

茹科夫斯基变换可将 ζ 平面上圆心在坐标原点、半径 $R > a$ 的圆变换成 z 平面上的椭圆。如图 2-12 所示，设 ζ 平面上半径 $R > a$ 的圆方程为

$$|\zeta| = R$$

圆周上任一点的坐标为 $\zeta = R\mathrm{e}^{\mathrm{i}\theta}$，将其代入式（2-29）得

$$z = \frac{1}{2}\left(R\mathrm{e}^{\mathrm{i}\theta} + \frac{a^2}{R}\mathrm{e}^{-\mathrm{i}\theta}\right) = \frac{1}{2}\left(R + \frac{a^2}{R}\right)\cos\theta + \frac{1}{2}\left(R - \frac{a^2}{R}\right)\sin\theta$$

即

$$x = \frac{1}{2}\left(R + \frac{a^2}{R}\right)\cos\theta, \quad y = \frac{1}{2}\left(R - \frac{a^2}{R}\right)\sin\theta \tag{2-35}$$

或

$$x = \frac{1}{2}\xi\left(1 + \frac{a^2}{\xi^2 + \eta^2}\right), \quad y = \frac{1}{2}\eta\left(1 - \frac{a^2}{\xi^2 + \eta^2}\right) \tag{2-36}$$

对式（2-35）两边取二次方、整理相加得

$$\frac{x^2}{\frac{1}{4}\left(R + \frac{a^2}{R}\right)^2} + \frac{y^2}{\frac{1}{4}\left(R - \frac{a^2}{R}\right)^2} = 1 \tag{2-37}$$

式（2-37）表示一个长轴为 $x = \frac{1}{2}\left(R + \frac{a^2}{R}\right)$、短轴为 $y = \frac{1}{2}\left(R - \frac{a^2}{R}\right)$、焦点为 $x = \pm a$ 的椭圆（图 2-12b）。

2.3.3　圆弧绕流

茹科夫斯基变换可将 ζ 平面上的偏心圆变为 z 平面上的一段圆弧。如图 2-13 所示，设 ζ 平面上偏心圆的方程为

$$|\zeta - f| = \sqrt{a^2 + f^2}$$

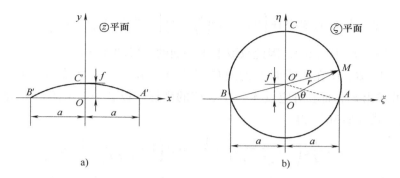

图 2-13　偏心圆变圆弧

将圆上任一点 M 的坐标 $\zeta = re^{i\theta}$ 代入式（2-29），得

$$z = x + iy = \frac{1}{2}\left(re^{i\theta} + \frac{a^2}{r}e^{-i\theta}\right)$$

$$\left.\begin{array}{l} x = \dfrac{1}{2}\left(r + \dfrac{a^2}{r}\right)\cos\theta \\[2mm] y = \dfrac{1}{2}\left(r - \dfrac{a^2}{r}\right)\sin\theta \end{array}\right\} \tag{2-38}$$

将式（2-38）中的第一式两边乘以 $\sin\theta$，第二式两边乘以 $\cos\theta$，然后对两式分别取二次方再相减得

$$x^2\sin^2\theta - y^2\cos^2\theta = a^2\sin^2\theta\cos^2\theta$$

则有
$$x^2\sin^2\theta - y^2(1 - \sin^2\theta) = a^2(1 - \sin^2\theta)\sin^2\theta \tag{2-39}$$

对 $\triangle OO'M$ 应用余弦定理

$$R^2 = r^2 + f^2 - 2rf\cos\left(\frac{\pi}{2} - \theta\right) = r^2 + f^2 - 2rf\sin\theta$$

$$r^2 = R^2 - f^2 + 2rf\sin\theta \tag{2-40}$$

再由 $\triangle AOO'$ 可知 $R^2 - f^2 = a^2$，则式（2-40）变为

$$r^2 = a^2 + 2rf\sin\theta$$

则有
$$2f\sin\theta = r - \frac{a^2}{r} \tag{2-41}$$

将式（2-41）代入式（2-38）中的第二式得到

$$\sin^2\theta = \frac{y}{f} \tag{2-42}$$

则式（2-39）可变形为

$$x^2\frac{y}{f} - y^2\left(1 - \frac{y}{f}\right) = a^2\left(1 - \frac{y}{f}\right)\frac{y}{f} \text{或} x^2 - y(f - y) = a^2 - a^2\frac{y}{f}$$

$$x^2 + y^2 + \left(\frac{a^2}{f} - f\right)y = a^2$$

配方得

$$x^2 + \left[y + \frac{1}{2}\left(\frac{a^2}{f} - f\right)\right]^2 = a^2 + \frac{1}{4}\left(\frac{a^2}{f} - f\right)^2 \tag{2-43}$$

式（2-43）为 z 平面上圆心在 $\left[0,\ -\dfrac{1}{2}\left(\dfrac{a^2}{f}-f\right)\right]$、半径为 $\sqrt{a^2+\dfrac{1}{4}\left(\dfrac{a^2}{f}-f\right)^2}$ 的偏心圆方

程。但由于 $\sin^2\theta=y/f$，则 $y>0$，因此只取上半平面的一段圆弧（图 2-13a）。

ζ 平面上点 A、B、C 在 z 平面上的对应点为 A'、B'、C'，将点 A、B、C 的坐标代入式（2-36），可求出 z 平面上对应点 A'、B'、C' 的坐标。以 ζ 平面上的点 C 为例，其坐标为 $(0, R+f)$，代入式（2-36）得

$$x=\frac{1}{2}\xi\left(1+\frac{a^2}{\xi^2+\eta^2}\right)=\frac{1}{2}\times0\times\left[1+\frac{a^2}{(R+f)^2}\right]=0$$

$$y=\frac{1}{2}\eta\left(1-\frac{a^2}{\xi^2+\eta^2}\right)=\frac{1}{2}(R+f)\left[1-\frac{a^2}{(R+f)^2}\right]=\frac{1}{2}\left(\frac{R^2+2Rf+f^2-a^2}{R+f}\right)$$

$$=\frac{1}{2}\frac{2f(R+f)}{R+f}=f$$

说明 z 平面上圆弧的拱度高等于 f。ζ 平面和 z 平面上各相应点的对应关系见表 2-1。

表 2-1　ζ 平面和 z 平面上各相应点的对应关系

点	ζ 平面		z 平面	
	ξ	η	x	y
A	a	0	a	0
B	$-a$	0	$-a$	0
C	0	$R+f$	0	f

2.3.4　对称翼型绕流

如图 2-14 所示，可将 ζ 平面上圆心位于负轴、距坐标原点为 d 的偏心圆变成 z 平面上有厚度但无弯度的对称翼型。ζ 平面上有两个圆，大圆的圆心在 O' 点，半径为 $R=a+d$，小圆圆心为 O 点、半径为 a，通过变换，将小圆 O 变为 z 平面上的平板，而大圆必变成包围该平板的封闭曲线，且对称于 x 轴，成为茹科夫斯基对称翼型。

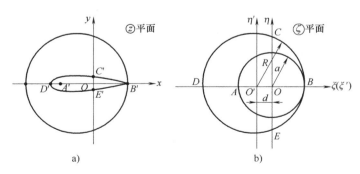

图 2-14　对称翼型绕流

将 ζ 平面上大圆 O' 各点的坐标代入式（2-36），即得到 z 平面上对应点的坐标，用光滑曲线连接画出翼型。ζ 平面和 z 平面上各相应点的对应关系见表 2-2。

表 2-2　ζ 平面和 z 平面上各相应点的对应关系

点	ζ 平面		z 平面	
	ξ	η	x	y
D	$-(a+2d)$	0	$-\dfrac{(a+2d)^2+a^2}{2(a+2d)}$	0
B	a	0	a	0
C	0	$a\sqrt{1+\dfrac{2d}{a}}$	0	$\dfrac{d}{\sqrt{1+\dfrac{2d}{a}}}$

由表 2-2 可以看出，ζ 平面上的点 B 与 z 平面上的点 B' 具有相同的坐标；z 平面上的点 D'（点 D 的对应点）位于 a 和 $R=a+d$ 之间的区域内，在点 B' 后缘处很薄，不能满足强度要求，在 ζ 平面内，只需将半径为 a 的圆全部置于大圆内。

2.3.5　凹形翼型绕流

如图 2-15 所示，ζ 平面上有圆心位于正虚轴上、距坐标原点 O 为 f 的点 O'' 处的小圆，以及圆心位于 BO'' 延线上、距点 O'' 为 d 的点 O' 处的大圆，且两圆相切于点 B。当 ζ 平面上的 a、d、f 为已知时，由前述讨论可知，小圆 O'' 变为 z 平面上的一段圆弧，拱度为 f，无厚度；而大圆则变为包围圆弧 $A'B'$ 的封闭曲线，此圆弧即为骨线，封闭曲线即为茹科夫斯基凹形翼型。

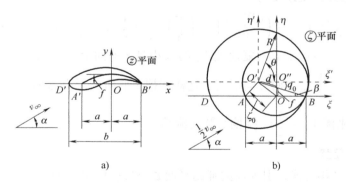

图 2-15　茹科夫斯基任意翼型

如图 2-15 所示，ζ 平面上圆的方程用极坐标形式表示为

$$\begin{aligned}
\zeta &= \zeta_0 + \zeta' = \zeta_0 + Re^{i\theta} = a - Re^{-i\beta} + Re^{i\theta} \\
&= a + R\left[(\cos\theta + i\sin\theta) - (\cos\beta - i\sin\beta)\right] \\
&= a + R(\cos\theta - \cos\beta) + iR(\sin\theta + \sin\beta)
\end{aligned} \tag{2-44}$$

将式 (2-44) 代入式 (2-29) 得

$$z = \frac{1}{2}\left[a + R(\cos\theta - \cos\beta) + iR(\sin\theta + \sin\beta) + \frac{a^2}{a + R(\cos\theta - \cos\beta) + iR(\sin\theta + \sin\beta)}\right] \tag{2-45}$$

式中

$$\frac{a^2}{a + R(\cos\theta - \cos\beta) + iR(\sin\theta + \sin\beta)} = \frac{a^2\{[a + R(\cos\theta - \cos\beta)] - iR(\sin\theta + \sin\beta)\}}{[a + R(\cos\theta - \cos\beta)]^2 + R^2(\sin\theta + \sin\beta)^2}$$

代入式（2-45），并将实部和虚部分开得

$$x = \frac{1}{2}\left[a + R(\cos\theta - \cos\beta) \right] + \frac{1}{2}\frac{a + R(\cos\theta - \cos\beta)}{\left[1 + \frac{R}{a}(\cos\theta - \cos\beta) \right]^2 + \frac{R^2}{a^2}(\sin\theta + \cos\beta)^2} \tag{2-46}$$

$$y = \frac{1}{2}R(\sin\theta + \sin\beta) - \frac{1}{2}\frac{R(\sin\theta + \sin\beta)}{\left[1 + \frac{R}{a}(\cos\theta - \cos\beta) \right]^2 + \frac{R^2}{a^2}(\sin\theta + \cos\beta)^2} \tag{2-47}$$

上述方程为 x 与 y 的参数方程，消去参数 θ 就可以得到 z 平面上翼型的曲线方程 $y = f(x)$，即 z 平面上翼型的边界，这种翼型称为茹科夫斯基翼型。显然，茹科夫斯基翼型的弦长 b 与 a 有关，弯度与 f 有关，厚度与 d 有关。

2.3.6 茹科夫斯基翼型绕流求解复势

1. 物理平面与辅助平面复速度的关系

茹科夫斯基变换在无穷远处满足

$$z = \infty, \quad \zeta = \infty, \quad \left(\frac{\mathrm{d}z}{\mathrm{d}\zeta} \right)_{\zeta = \infty} = \frac{1}{2}\left(1 - \frac{a^2}{\zeta^2} \right)_{\zeta = \infty} = \frac{1}{2} = m_\infty \tag{2-48}$$

z 平面上无穷远处的复速度为

$$\boldsymbol{v}_\infty = \left(\frac{\mathrm{d}W(z)}{\mathrm{d}z} \right)_{z = \infty} = |\boldsymbol{v}_\infty| \mathrm{e}^{-\mathrm{i}\alpha} \tag{2-49}$$

ζ 平面上无穷远处的复速度为

$$\left(\frac{\mathrm{d}W(\zeta)}{\mathrm{d}\zeta} \right)_{\zeta = \infty} = \left(\frac{\mathrm{d}W(z)}{\mathrm{d}z} \right)_{z = \infty} \left(\frac{\mathrm{d}z}{\mathrm{d}\zeta} \right)_{\zeta = \infty} = \frac{1}{2}\boldsymbol{v}_\infty = \frac{1}{2}|\boldsymbol{v}_\infty| \mathrm{e}^{-\mathrm{i}\alpha} = \boldsymbol{V}_\infty \tag{2-50}$$

可见，ζ 平面上无穷远来流的复速度 $\boldsymbol{V}_\infty$ 的大小是 z 平面上无穷远来流的复速度 $\boldsymbol{v}_\infty$ 的 $1/2$ 倍（m_∞ 倍），即 $\boldsymbol{V}_\infty = \frac{1}{2}\boldsymbol{v}_\infty$，而方向不变。这样就把 z 平面上无穷远来流 $\overline{\boldsymbol{v}_\infty} = \boldsymbol{v}_\infty \mathrm{e}^{-\mathrm{i}\alpha}$ 绕翼型的流动变成 ζ 平面上来流 $\boldsymbol{V}_\infty = \frac{1}{2}\boldsymbol{v}_\infty$ 绕偏心圆的流动。

2. 求 ζ 平面的复势

以 O' 为原点做平移变换，引入新的辅助平面 $\zeta'(\xi', \eta')$，ζ 平面与 ζ' 平面之间的关系为

$$\zeta = \zeta_0 + \zeta', \quad \left(\frac{\mathrm{d}\zeta}{\mathrm{d}\zeta'} \right)_{\zeta = \infty} = 1 \tag{2-51}$$

ζ' 平面上的复速度为

$$\frac{\mathrm{d}W(\zeta)}{\mathrm{d}\zeta'} = \left(\frac{\mathrm{d}W(\zeta)}{\mathrm{d}\zeta} \right) \left(\frac{\mathrm{d}\zeta}{\mathrm{d}\zeta'} \right)_{\zeta' = \infty} = \frac{1}{2}\boldsymbol{v}_\infty \mathrm{e}^{-\mathrm{i}\alpha} \tag{2-52}$$

ζ 与 ζ' 平面无穷远处的条件不变，将绕 ζ 平面的偏心圆变成 ζ' 平面上圆心在 O' 处圆的绕流。ζ' 平面的复势为

$$W(\zeta') = V_\infty \zeta' + V_\infty \frac{R^2}{\zeta'} + \frac{\Gamma}{2\pi\mathrm{i}}\ln\zeta' = \frac{1}{2}\boldsymbol{v}_\infty \mathrm{e}^{-\mathrm{i}\alpha}\zeta' + \frac{1}{2}\boldsymbol{v}_\infty \mathrm{e}^{\mathrm{i}\alpha}\frac{R^2}{\zeta'} + \frac{\Gamma}{2\pi\mathrm{i}}\ln\zeta'$$

$$= \frac{1}{2}\boldsymbol{v}_\infty \left(\mathrm{e}^{-\mathrm{i}\alpha}\zeta' + \frac{R^2 \mathrm{e}^{\mathrm{i}\alpha}}{\zeta'} \right) + \frac{\Gamma}{2\pi\mathrm{i}}\ln\zeta' \tag{2-53}$$

将 $\zeta' = \zeta - \zeta_0$ 代入式（2-53），可得 ζ 平面上的复势为

$$W(\zeta) = \frac{1}{2}v_\infty \left[e^{-i\alpha}(\zeta - \zeta_0) + \frac{R^2 e^{i\alpha}}{\zeta - \zeta_0} \right] + \frac{\Gamma}{2\pi i}\ln(\zeta - \zeta_0) \tag{2-54}$$

ζ 平面上的复速度为

$$\frac{dW(\zeta)}{d\zeta} = \frac{1}{2}v_\infty \left[e^{-i\alpha} - \frac{R^2 e^{i\alpha}}{(\zeta - \zeta_0)^2} \right] + \frac{\Gamma}{2\pi i}\frac{1}{\zeta - \zeta_0} \tag{2-55}$$

将 $\zeta = z + \sqrt{z^2 - a^2}$ 代入式 (2-54)，可得 z 平面上的复势为

$$W(z) = \frac{1}{2}v_\infty \left[e^{-i\alpha}g(z) + \frac{R^2 e^{i\alpha}}{g(z)} \right] + \frac{\Gamma}{2\pi i}\ln[g(z)] \tag{2-56}$$

式中，$g(z) = z + \sqrt{z^2 - a^2} - \zeta_0$；环量 $\Gamma = -4\pi R m_\infty v_\infty \sin(\theta_\infty - \varepsilon_0)$，其中 $R = d + \sqrt{a^2 + f^2}$，$m_\infty = \frac{1}{2}$，$\theta_\infty = \alpha$（无穷远来流与 x 轴的夹角），$\varepsilon_0 = -\beta = -\arctan\dfrac{f}{a}$。

z 平面上的复速度可表示为

$$\frac{dW(z)}{dz} = \frac{dW(\zeta)}{d\zeta}\frac{d\zeta}{dz} = \frac{\dfrac{dW(\zeta)}{d\zeta}}{\dfrac{dz}{d\zeta}} = \frac{\dfrac{1}{2}v_\infty \left[e^{-i\alpha} - \dfrac{R^2 e^{i\alpha}}{(\zeta - \zeta_0)^2} \right] + \dfrac{\Gamma}{2\pi i}\dfrac{1}{\zeta - \zeta_0}}{\dfrac{1}{2}\left(1 - \dfrac{a^2}{\zeta^2} \right)} \tag{2-57}$$

式中，$\zeta = z + \sqrt{z^2 - a^2}$；$\zeta_0 = a - Re^{-i\beta}$ 或 $\zeta_0 = if - de^{-i\beta} = -d\cos\beta + i(f + d\sin\beta)$。

例 茹科夫斯基变换可将 ζ 平面上半径为 a、圆心在坐标原点的圆，变为 z 平面上长度为 $2a$ 的平板。如图 2-16 所示，长度为 $2a$ 的平板放置在理想不可压缩流体中，速度为 v_∞ 的均匀来流绕过该平板，冲角为 θ_∞。试求：（1）流场复势及复速度；（2）满足后缘点恰普雷金假设条件的环量 Γ；（3）单位长度的升力及升力系数。

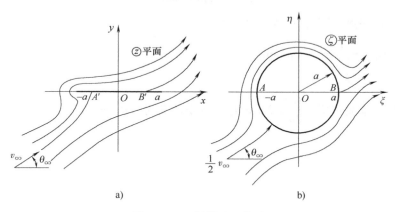

图 2-16 平板的实际绕流

解：（1）由茹科夫斯基变换函数 $z = \frac{1}{2}\left(\zeta + \dfrac{a^2}{\zeta} \right)$，因 z 平面上冲角为 θ_∞ 的均匀来流以速度 v_∞ 绕过平板，则 ζ 平面上的对应速度 $V_\infty = \frac{1}{2}v_\infty$。已知 ζ 平面上有环量圆柱绕流的复势为

$$W(\zeta) = \frac{1}{2}v_\infty \left(e^{-i\theta_\infty}\zeta + \frac{a^2}{\zeta}e^{i\theta_\infty} \right) + \frac{\Gamma}{2\pi i}\ln\zeta$$

将茹科夫斯基变换函数的反函数

$$\zeta = z + \sqrt{z^2 - a^2}$$

代入上式，从而得到 z 平面上的流动复势为

$$W(\zeta) = W(z) = \frac{1}{2}v_\infty \left[e^{-i\theta_\infty}(z + \sqrt{z^2 - a^2}) + \frac{a^2 e^{i\theta_\infty}}{z + \sqrt{z^2 - a^2}} \right] + \frac{\Gamma}{2\pi i}\ln(z + \sqrt{z^2 - a^2})$$

式中，$e^{-i\theta_\infty}(z + \sqrt{z^2 - a^2}) + \dfrac{a^2 e^{i\theta_\infty}}{z + \sqrt{z^2 - a^2}} = e^{-i\theta_\infty}(z + \sqrt{z^2 - a^2}) + \dfrac{a^2 e^{i\theta_\infty}(z - \sqrt{z^2 - a^2})}{z^2 - z^2 + a^2}$

$$= e^{-i\theta_\infty}(z + \sqrt{z^2 - a^2}) + e^{i\theta_\infty}(z - \sqrt{z^2 - a^2}) = 2z\frac{e^{i\theta_\infty} + e^{-i\theta_\infty}}{2} - 2i\frac{e^{i\theta_\infty} - e^{-i\theta_\infty}}{2i}\sqrt{z^2 - a^2}$$

$$= 2z\cos\theta_\infty - 2i\sin\theta_\infty\sqrt{z^2 - a^2}$$

又 $\ln(z + \sqrt{z^2 - a^2}) = \ln\left[a\left(\dfrac{z}{a} + \sqrt{\left(\dfrac{z}{a}\right)^2 - 1} \right) \right] = \ln\left[\dfrac{z}{a} + \sqrt{\left(\dfrac{z}{a}\right)^2 - 1} \right] + \ln a = \text{arch}\dfrac{z}{a} + \ln a$

常数项 $\ln a$ 对速度场无影响可忽略，于是 z 平面上的复势为

$$W(z) = \frac{1}{2}v_\infty\left(2z\cos\theta_\infty - 2i\sin\theta_\infty\sqrt{z^2 - a^2} \right) + \frac{\Gamma}{2\pi i}\text{arch}\frac{z}{a}$$

即

$$W(z) = v_\infty z\cos\theta_\infty - iv_\infty\sin\theta_\infty\sqrt{z^2 - a^2} + \frac{\Gamma}{2\pi i}\text{arch}\frac{z}{a}$$

z 平面上的复速度为

$$\frac{dW(z)}{dz} = v_\infty\cos\theta_\infty - iv_\infty\sin\theta_\infty\frac{z}{\sqrt{z^2 - a^2}} + \frac{\Gamma}{2\pi i}\frac{1}{\sqrt{z^2 - a^2}}$$

（2）平板后缘满足恰普雷金条件的环量由式（2-28）求得，即

$$\Gamma = -2\pi a v_\infty\sin\theta_\infty$$

（3）升力：$F_L = \rho v_\infty |\Gamma| = 2\pi a v_\infty^2\rho\sin\theta_\infty$。

升力系数：$C_L = \dfrac{F_L}{\dfrac{1}{2}\rho v_\infty^2} = 4\pi a\sin\theta_\infty$。

单位长度升力系数：$C_L' = \dfrac{C_L}{2a} = 2\pi\sin\theta_\infty$，在小冲角时，$\theta_\infty \approx \sin\theta_\infty$，$C_L' = 2\pi\theta_\infty$。

第 3 章

薄翼理论与有限翼展理论

3.1 薄翼理论

虽然用保角变换法可以解决茹科夫斯基翼型的绕流问题，但是对于任意翼型寻求变换函数有极大困难，因此，采用一种近似方法来解决任意形状翼型的绕流问题。薄翼理论就是解决任意翼型绕流问题的近似方法之一，其本质在于用沿骨线连续分布的涡旋近似地代替翼型。

对于小冲角、微弯翼型绕流可做如下假设：

1) 因翼型很薄，可以认为翼型型线与中线无甚差别，将有厚度翼型绕流问题简化为无厚度中弧线翼型绕流问题。

2) 因弯度很小，可以认为中线与翼弦无甚差别，将沿中线进行的计算近似地移到翼弦上去做。

3) 因冲角 α 很小，与此有关的量可大大简化。

3.1.1 环量密度和诱导速度

1. 环量密度

$$\gamma(x) = \lim_{\Delta x \to 0} \frac{\Delta \Gamma}{\Delta x} = \frac{\mathrm{d}\Gamma}{\mathrm{d}x} \tag{3-1}$$

式中，$\dfrac{\Delta \Gamma}{\Delta x}$ 为单位长度上环量的变化量。

由前两个假设可以认为沿中线分布的涡旋移到沿翼弦分布，并取翼弦为 Ox 轴，则整个机翼的环量为

$$\Gamma = \int_0^b \gamma(x)\,\mathrm{d}x \tag{3-2}$$

式中，b 为翼弦弦长。

2. 诱导速度

如图 3-1a 所示，位于 x 处的微元段 $\mathrm{d}x$ 的涡层对 x_0 处 p 点的诱导速度为

$$v_{yx_0} = \frac{1}{2\pi}\int_0^b \frac{\gamma(x)\,\mathrm{d}x}{x - x_0} \tag{3-3}$$

式（3-3）即为毕奥-萨伐尔定理。

为了计算式（3-3），做如图 3-1b 所示的变量代换 $x \rightarrow \theta$，$\gamma(x) \rightarrow \gamma(\theta)$；$x = 0$，$\theta = 0$；$x = b$，$\theta = \pi$。

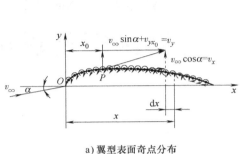 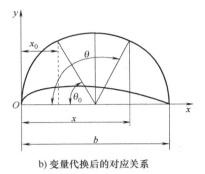

a) 翼型表面奇点分布　　　　　b) 变量代换后的对应关系

图 3-1　薄翼上的奇点分布及变量代换

变量之间的关系为

$$\begin{cases} x = \dfrac{b}{2}(1 - \cos\theta) \\[2mm] \mathrm{d}x = \dfrac{b}{2}\sin\theta\mathrm{d}\theta \\[2mm] x_0 = \dfrac{b}{2}(1 - \cos\theta_0) \end{cases} \tag{3-4}$$

将式（3-4）代入式（3-3）得

$$v_{yx_0} = \frac{1}{2\pi}\int_0^\pi \frac{\gamma(\theta)\sin\theta\mathrm{d}\theta}{\cos\theta_0 - \cos\theta} \tag{3-5}$$

将式（3-5）中的 $\gamma(\theta)$ 展成三角级数，即

$$\gamma(\theta) = 2v_\infty\left[A_0\cot\frac{\theta}{2} + \sum_{n=1}^\infty A_n\sin(n\theta)\right] \tag{3-6}$$

式中，$A_1, A_2, A_3, \cdots, A_n$ 为满足边界条件的待定系数；$A_0\cot\dfrac{\theta}{2}$ 为由边界条件决定的附加项。

式（3-5）中

$$\gamma(\theta)\sin\theta = 2v_\infty\left[A_0\cot\frac{\theta}{2} + \sum_{n=1}^\infty A_n\sin(n\theta)\right]\sin\theta$$

$$= 2v_\infty\left\{A_0(1 + \cos\theta) + \sum_{n=1}^\infty A_n \times \frac{1}{2}\left[\cos(n-1)\theta - \cos(n+1)\theta\right]\right\}$$

将其代入式（3-5）得

$$v_{yx_0} = \frac{v_\infty}{\pi}\int_0^\pi \frac{\left\{A_0(1 + \cos\theta) + \displaystyle\sum_{n=1}^\infty A_n \times \frac{1}{2}\left[\cos(n-1)\theta - \cos(n+1)\theta\right]\right\}\mathrm{d}\theta}{\cos\theta_0 - \cos\theta} \tag{3-7}$$

引入格劳尔积分公式 $I_n = \int_0^\pi \dfrac{\cos n\theta \mathrm{d}\theta}{\cos\theta_0 - \cos\theta} = -\pi \dfrac{\sin(n\theta_0)}{\sin\theta_0}$ ，则有

$$I_0 = \int_0^\pi \frac{\mathrm{d}\theta}{\cos\theta_0 - \cos\theta} = 0, \quad I_1 = \int_0^\pi \frac{\cos\theta \mathrm{d}\theta}{\cos\theta_0 - \cos\theta} = -\pi$$

$$I_{n-1} = \int_0^\pi \frac{\cos\left[(n-1)\theta\right]\mathrm{d}\theta}{\cos\theta_0 - \cos\theta} = -\pi \frac{\sin\left[(n-1)\theta_0\right]}{\sin\theta_0}$$

$$I_{n+1} = \int_0^\pi \frac{\cos\left[(n+1)\theta\right]\mathrm{d}\theta}{\cos\theta_0 - \cos\theta} = -\pi \frac{\sin\left[(n+1)\theta_0\right]}{\sin\theta_0}$$

将各值代入式（3-7）得

$$v_{yx_0} = v_\infty \left\{ -A_0 + \sum_{n=1}^\infty A_n \left(-\frac{1}{2}\right) \frac{\sin\left[(n-1)\theta_0\right] - \sin\left[(n+1)\theta_0\right]}{\sin\theta_0} \right\}$$

$$= v_\infty \left[-A_0 + \sum_{n=1}^\infty A_n \left(-\frac{1}{2}\right) \times 2 \times \frac{\cos\dfrac{(n-1+n+1)\theta_0}{2}\sin\dfrac{(n-1-n-1)\theta_0}{2}}{\sin\theta_0} \right]$$

$$= v_\infty \left[-A_0 + \sum_{n=1}^\infty A_n \cos(n\theta_0) \frac{\sin\theta_0}{\sin\theta_0} \right]$$

即

$$v_{yx_0} = v_\infty \left[-A_0 + \sum_{n=1}^\infty A_n \cos(n\theta_0) \right] \tag{3-8}$$

式（3-8）为位于任意位置 x 处的微元段 $\mathrm{d}x$ 的涡层对 x_0 处 P 点的诱导速度。

3.1.2 基本方程

如图 3-1a 所示，翼型上 P 点处的流速应为来流速度 v_∞ 与诱导速度 v_{yx_0} 的合成，在没有分离的条件下，该速度在 P 点相切于翼型表面（翼型为流线），令 $y = y(x)$ 为翼型表面的方程，则有

$$\frac{\mathrm{d}y}{\mathrm{d}x} = \frac{v_y}{v_x} \tag{3-9}$$

式中，v_x、v_y 分别为合速度在 x、y 方向的分量，如图 3-1a 所示，其中

$$v_x = v_\infty \cos\alpha, \quad v_y = v_\infty \sin\alpha + v_{yx_0}$$

将 v_x 和 v_y 的表达代入式（3-9），得

$$\frac{\mathrm{d}y}{\mathrm{d}x} = \frac{v_\infty \sin\alpha + v_{yx_0}}{v_\infty \cos\alpha} = \tan\alpha + \frac{v_{yx_0}}{v_\infty \cos\alpha} \tag{3-10}$$

因 α 很小，故 $\tan\alpha \to \alpha$，$\cos\alpha \to 1$，则有

$$\frac{\mathrm{d}y}{\mathrm{d}x} = \alpha + \frac{v_{yx_0}}{v_\infty} \tag{3-11}$$

将式（3-8）代入式（3-11）得

$$\frac{\mathrm{d}y}{\mathrm{d}x} = \alpha + \left[-A_0 + \sum_{n=1}^\infty A_n \cos(n\theta) \right] \tag{3-12}$$

式中，将 θ_0 换成 θ，令系数 $A_0 = \alpha - \dfrac{1}{\pi}\int_0^\pi \dfrac{\mathrm{d}y}{\mathrm{d}x}\mathrm{d}\theta$，$A_n = \dfrac{2}{\pi}\int_0^\pi \dfrac{\mathrm{d}y}{\mathrm{d}x}\cos(n\theta)\mathrm{d}\theta$，则式（3-12）为翼型基本方程。

3.1.3 动力特征

1. 升力

由库塔-茹科夫斯基升力公式可知，作用在微元 $\mathrm{d}x$ 上的升力为

$$\mathrm{d}F_y = \rho v_\infty \mathrm{d}\Gamma = \rho v_\infty \gamma(x)\mathrm{d}x \tag{3-13}$$

对于整个翼型，有

$$F_y = \rho v_\infty \int_0^b \gamma(x)\mathrm{d}x \tag{3-14}$$

将式（3-6）代入式（3-14），可得作用于整个翼型的升力为

$$F_y = \rho v_\infty \int_0^\pi 2v_\infty \left[A_0 \cot\frac{\theta}{2} + \sum_{n=1}^\infty A_n \sin(n\theta) \right] \frac{b}{2}\sin\theta\mathrm{d}\theta$$

$$= \rho v_\infty^2 b \int_0^\pi \left[A_0(1+\cos\theta) + \sum_{n=1}^\infty A_n \sin(n\theta)\sin\theta \right]\mathrm{d}\theta \tag{3-15}$$

式中，$\int_0^\pi \cos\theta\mathrm{d}\theta = 0$；$\int_0^\pi \sin(n\theta)\sin\theta\mathrm{d}\theta = 0\,(n \neq 1)$，当 $n=1$ 时，$\int_0^\pi A_1 \sin^2\theta\mathrm{d}\theta = \int_0^\pi A_1 \frac{1-\cos2\theta}{2}\mathrm{d}\theta = A_1 \frac{\pi}{2}$。

所以

$$F_y = \rho v_\infty^2 b\pi\left(A_0 + \frac{A_1}{2} \right) \tag{3-16}$$

升力系数为

$$C_y = \frac{F_y}{\frac{1}{2}\rho v_\infty^2 b} = 2\pi\left(A_0 + \frac{A_1}{2} \right) \tag{3-17}$$

2. 环量

由库塔-茹科夫斯基升力公式可知 $F_y = \rho v_\infty \Gamma$，则环量大小的计算公式为

$$\Gamma = v_\infty b\pi\left(A_0 + \frac{A_1}{2} \right) \tag{3-18}$$

3. 力矩（对前缘点）

$$M = -\rho v_\infty \int_0^b \gamma(x)x\mathrm{d}x = -\rho v_\infty \int_0^\pi \gamma(\theta)\frac{b}{2}(1-\cos\theta)\frac{b}{2}\sin\theta\mathrm{d}\theta$$

$$= \frac{-\rho v_\infty^2 b^2}{2}\int_0^\pi \left[A_0 \cot\frac{\theta}{2} + \sum_{n=1}^\infty A_n \sin(n\theta) \right](1-\cos\theta)\sin\theta\mathrm{d}\theta$$

$$= \frac{-\rho v_\infty^2 b^2}{2}\int_0^\pi \left[A_0(1-\cos^2\theta) + \sum_{n=1}^\infty A_n \sin(n\theta)(1-\cos\theta)\sin\theta \right]\mathrm{d}\theta$$

$$= \frac{-\rho v_\infty^2 b^2}{2}\int_0^\pi \left[A_0 \frac{1-\cos2\theta}{2} + \left(\sin\theta - \frac{\sin2\theta}{2} \right)\sum_{n=1}^\infty A_n \sin(n\theta) \right]\mathrm{d}\theta$$

$$= \frac{-\rho v_\infty^2 b^2}{2}\left(A_0 \frac{\pi}{2} + \frac{A_1}{2}\pi - \frac{A_2}{4}\pi \right)$$

即

$$M = \frac{-\rho v_\infty^2 b^2 \pi}{4}\left(A_0 + A_1 - \frac{A_2}{2} \right) \tag{3-19}$$

式中：

1）$\int_0^\pi \dfrac{A_0}{2}(1 - \cos 2\theta)\mathrm{d}\theta = A_0 \dfrac{\pi}{2}$。

2）$\int_0^\pi A_1\left(\sin\theta - \dfrac{\sin 2\theta}{2}\right)\sin\theta\mathrm{d}\theta = \int_0^\pi A_1 \dfrac{1 - \cos 2\theta}{2}\mathrm{d}\theta = A_1 \dfrac{\pi}{2}$。

3）$\int_0^\pi A_2\left(\sin\theta - \dfrac{\sin 2\theta}{2}\right)\sin 2\theta\mathrm{d}\theta = -\dfrac{A_2}{2}\int_0^\pi \dfrac{1 - \cos 4\theta}{2}\mathrm{d}\theta = -A_2 \dfrac{\pi}{4}$。

力矩系数为

$$C_M = \frac{M}{\frac{1}{2}\rho v_\infty^2 b^2} = -\frac{\pi}{2}\left(A_0 + A_1 - \frac{A_2}{2}\right) \tag{3-20}$$

例 3-1　如图 3-2 所示，平板 AB 的长度为 b，冲角 α 很小，无穷远来流速度为 v_∞，应用薄翼理论求解环量分布、升力、对前缘点的力矩和速度分布。

解：（1）因为 x 轴沿 AB 方向，则有 $y = 0$，由基本方程得

$$\frac{\mathrm{d}y}{\mathrm{d}x} = \alpha - A_0 + \sum_{n=1}^{\infty} A_n\cos(n\theta) = 0 \tag{3-21}$$

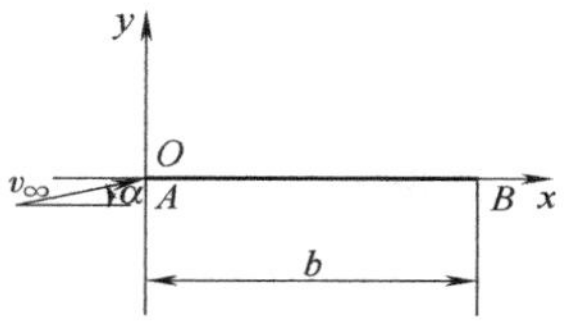

式中
$$A_0 = \alpha - \frac{1}{\pi}\int_0^\pi \frac{\mathrm{d}y}{\mathrm{d}x}\mathrm{d}\theta = \alpha \tag{3-22}$$

$$A_n = \frac{2}{\pi}\int_0^\pi \frac{\mathrm{d}y}{\mathrm{d}x}\cos(n\theta)\mathrm{d}\theta = 0 \tag{3-23}$$

图 3-2　小冲角平板绕流

（2）环量分布

$$\gamma(x) = \gamma(\theta) = 2v_\infty\left[A_0\cot\frac{\theta}{2} + \sum_{n=1}^{\infty} A_n\sin(n\theta)\right] = 2v_\infty A_0\cot\frac{\theta}{2}$$

$$= 2v_\infty\alpha\sqrt{\frac{1 + \cos\theta}{1 - \cos\theta}} \tag{3-24}$$

由 $x = \dfrac{b}{2}(1 - \cos\theta)$，可得 $\cos\theta = \dfrac{b - 2x}{b}$、$1 + \cos\theta = \dfrac{2b - 2x}{b}$、$1 - \cos\theta = \dfrac{2x}{b}$，再代入式（3-24）得

$$\gamma(x) = 2v_\infty\alpha\sqrt{\frac{b - x}{x}} \tag{3-25}$$

由式（3-25）可知：

1）当 $x = 0$ 时，位于前缘点，$\gamma(x)$ 趋向无穷大，即速度也趋向无穷大。

2）当 $x = b$ 时，位于后缘点，$\gamma(x)$ 为零，即速度（诱导）也为零。

（3）平板的升力

$$F_y = \rho v_\infty \Gamma = \rho v_\infty v_\infty \pi b\left(A_0 + \frac{A_1}{2}\right) = \rho v_\infty^2 \pi b\alpha \tag{3-26}$$

（4）对前缘点的力矩

$$M = \frac{-\rho v_\infty^2 b^2 \pi}{4}\left(A_0 + A_1 - \frac{A_2}{2}\right) = -\frac{\pi}{4}\rho v_\infty^2 b^2\alpha \tag{3-27}$$

（5）速度分布

$$v_{x(x_0)} = \mp \frac{\gamma(\theta)}{2} = \mp v_\infty \alpha \sqrt{\frac{b-x}{x}} \tag{3-28}$$

$$v_{y(x_0)} = v_\infty \left[-A_0 + \sum_{n=1}^\infty A_n \cos(n\theta) \right] = -v_\infty \alpha \tag{3-29}$$

例3-2 已知无穷远来流沿 x 方向，如图3-3所示，环量密度 $\gamma(\theta) = 2v_\infty A_1 \sin\theta$，即在三角级数展开式中，除了 A_1 项之外，其他各项 $A_0, A_2, \cdots, A_n$ 均为零，求翼型的方程及动力特征。

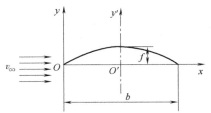

解：（1）由基本方程得

$$\frac{\mathrm{d}y}{\mathrm{d}x} = \alpha - A_0 + \sum_{n=1}^\infty A_n \cos(n\theta) = A_1 \cos\theta \tag{3-30}$$

图3-3　抛物线翼型绕流

做变量代换，由 $x = \frac{b}{2}(1-\cos\theta)$ 可得 $\cos\theta = \frac{b-2x}{b}$，再代入式（3-30），得

$$\frac{\mathrm{d}y}{\mathrm{d}x} = A_1\left(1 - \frac{2x}{b}\right), \quad \mathrm{d}y = A_1\left(1 - \frac{2x}{b}\right)\mathrm{d}x$$

积分得

$$y = A_1\left(x - \frac{x^2}{b}\right) + C \tag{3-31}$$

1）当 $x=0$ 和 $x=b$ 时，$y=0$，故 $C=0$，则 $y = A_1\left(x - \frac{x^2}{b}\right)$。

2）当 $x = \frac{b}{2}$ 时，$y = y_{max} = f$，代入式（3-31）得 $A_1 = \frac{4f}{b}$，再代入式（3-31）得

$$y = \frac{4f}{b}\left(x - \frac{x^2}{b}\right) \tag{3-32}$$

可见翼型呈抛物线形。

（2）环量分布

$$\gamma(\theta) = 2v_\infty A_1 \sin\theta = 2v_\infty \frac{4f}{b} \sqrt{1 - \cos^2\theta}$$

$$= 2v_\infty \frac{4f}{b} \sqrt{1 - \left(1 - \frac{2x}{b}\right)^2} = \gamma(x) \tag{3-33}$$

当 $x=0$ 时，$\gamma(x)=0$；当 $x=b$ 时，$\gamma(x)=0$；当 $x=\frac{b}{2}$ 时，$\gamma(x) = 2v_\infty \frac{4f}{b}$，达到最大值。

（3）升力

升力系数为

$$C_y = 2\pi\left(A_0 + \frac{A_1}{2}\right) = \frac{4f\pi}{b} \tag{3-34}$$

式中，$A_0 = 0$；$A_1 = \frac{4f}{b}$。则升力为

$$F_y = \frac{1}{2}C_y \rho v_\infty^2 b = 2\rho v_\infty^2 f\pi \tag{3-35}$$

或
$$F_y = \rho v_\infty \Gamma = \rho v_\infty v_\infty \pi b \left(A_0 + \frac{A_1}{2} \right) = \rho v_\infty^2 b \frac{4f\pi}{2b} = 2\rho v_\infty^2 f\pi$$

（4）对前缘点的力矩
$$M = \frac{1}{2} \rho v_\infty^2 b^2 C_M$$

式中，$C_M = -\frac{\pi}{2} \left(A_0 + A_1 - \frac{A_2}{2} \right)$，则

$$M = \frac{-\rho v_\infty^2 b^2 \pi}{4} \left(A_0 + A_1 - \frac{A_2}{2} \right) = -\frac{\pi}{4} \rho v_\infty^2 b^2 A_1$$

$$= -\frac{\pi}{4} \rho v_\infty^2 b^2 \frac{4f}{b} = -\pi \rho v_\infty^2 bf \tag{3-36}$$

（5）速度

$$v_{y(x_0)} = v_\infty \left[-A_0 + \sum_{n=1}^\infty A_n \cos(n\theta) \right] = v_\infty A_1 \cos\theta = \frac{4v_\infty f}{b} \left(1 - \frac{2x}{b} \right) \tag{3-37}$$

$$v_{x(x_0)} = \mp \frac{\gamma(\theta)}{2} = \mp v_\infty A_1 \sin\theta = \mp v_\infty \frac{4f}{b} \sqrt{1 - \cos^2\theta}$$

$$= \mp v_\infty \frac{4f}{b} \sqrt{1 - \left(1 - \frac{2x}{b} \right)^2} \tag{3-38}$$

3.2　有限翼展理论

翼展为无限长的机翼称为无限翼展，其展弦比 $\lambda = l_\infty / b = \infty$，显然这是平面机翼，即二元流动。实际中翼展是有限的，其展弦比 $\lambda = l/b$ 为有限值，这种机翼为空间机翼，即三元流动。例如，飞机的机翼、螺旋桨的叶片、轴流式水轮机和水泵的叶片等，都应作为有限翼展机翼看待。

由于有限翼展绕流情况与无限翼展不同，所以其动力特征也是不同的，为此要研究有限翼展机翼首先从流动情况着手。

3.2.1　绕有限翼展机翼的流动

1. 自由涡

对于无限翼展机翼，上、下表面的压力沿翼展的每一个截面都是一样的，流动在各个垂直于翼展的平面内流过翼型，没有垂直于这些平面的速度。但是，对于有限翼展的情况就不同了。如图 3-4b 所示，由于下表面的压力大于上表面的压力，在此压力差的作用下，流体总是从下表面的高压区绕过翼端流向上表面的低压区。于是，下表面有从内向翼梢的流动，而上表面则出现由翼梢向内的流动（附加速度），即上、下表面均产生沿翼展方向的横向流动，此为翼端效应。横向速度与无穷远来流 v_∞ 合成，会出现上表面由外向内倾斜的速度矢量，如图 3-4c 中的实线所示；下表面则出现由内向外的速度矢量，如图 3-4c 中的虚线所示。

机翼上、下表面沿不同方向流动的速度，在机翼的后缘（尾端）构成速度不连续的间

断面而形成涡层，并从机翼后缘开始延伸到无穷远处。实际上由于流体的黏性，两股不同速度的流体互相搓捻，使流体质点产生旋转，形成涡层。涡层是由从机翼开始延伸到无穷远处的直线涡组成的，这种在机翼后面可随流体一起运动的直线涡称为自由涡，如图 3-4c 所示。

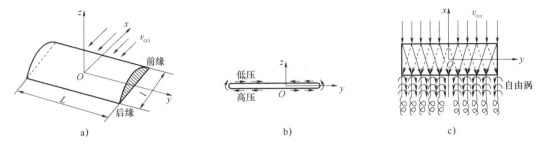

图 3-4　有限翼展机翼的翼端效应

2. 起动涡

由亥姆霍兹定理可知，在理想流体中，涡线不能在流体内部产生或终止，因此，从机翼后缘开始的自由涡必在无穷远处形成闭合涡，称为起动涡。

3. 附着涡

当起动涡形成时，在机翼表面附近就有一个环量，该环量沿翼展的分布是翼梢处为零，中间最大，升力最大，即环量分布是不均匀的。由于环量的存在相当于等强度涡线的存在，因此可以用涡线或涡线系来代替机翼，机翼外面的流动并不改变。这种用来代替机翼的涡线或涡线系称为附着涡，其分布使环量沿翼展方向的变化与真实机翼一样。

自由涡、起动涡、附着涡示意图如图 3-5 所示，需要注意的是，附着涡与自由涡和起动涡是不同的：附着涡是不存在的，它是为了计算方便用来代替机翼的涡线或涡线系；而自由涡是实际存在的，它是机翼后面一群旋转的流体微团；起动涡是实际存在的，是自由涡汇合于无穷远处。三者组成了涡面。

如图 3-6 所示，随着运动，机翼后的涡面是不稳定的，在机翼后面很快会像纸一样撕裂并卷起来，最后形成两个从外向内旋转的单涡。两涡旋的强度相等、方向相反，尾涡延伸到无穷远处，可认为是许多马蹄形涡。

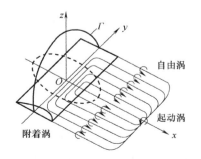

图 3-5　自由涡、起动涡、附着涡示意图

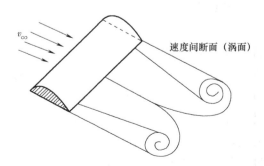

图 3-6　有限翼展机翼后面的涡面

综上所述，可以把有限翼展简化成一个气动力模型，它是由以下几部分叠加而成的：

①一个分布在整个翼展上的附着涡系；②一个从机翼后缘开始，并延伸到无穷远处的自由涡系，在机翼后面形成一个涡面；③一个速度为 v_∞ 的均匀来流。

3.2.2　下洗现象

1. 下洗的作用

由于自由涡的存在，在空间将产生一个附加的诱导速度场，于机翼平面上产生诱导速度，在翼梢以外诱导速度方向向上，而在翼梢以内诱速度方向向下。如图 3-7 所示，如果以无穷远来流 v_∞ 与翼展 l 所构成的平面为参考平面，则诱导速度在这个平面垂直方向的分量称为下洗速度，产生下洗速度的现象称为下洗现象。下洗的作用如下：

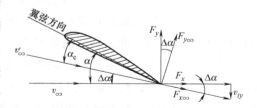

图 3-7　有限翼展的下洗作用

（1）实际冲角减小　下洗使绕机翼流动的图形发生改变，因附加诱导速度场产生的下洗速度 v_{iy} 方向向下，且 v_{iy} 与 v_∞ 合成后，使实际绕流速度偏转了一个角度 $\Delta\alpha$，成为 v_∞'。将 $\Delta\alpha$ 定义为下洗角，$\Delta\alpha = -v_{iy}/v_\infty$，负号表示 v_{iy} 方向向下为负，这时 $\Delta\alpha$ 为正。实际冲角由 α 变成 α_e，即 α 表示几何冲角；$\Delta\alpha$ 为下洗角，其值一般为 $2° \sim 3°$；α_e 定义为有效冲角，$\alpha_e = \alpha - \Delta\alpha$ 或 $\alpha_e = \alpha + v_{iy}/v_\infty$。对于无限翼展，$\alpha_e = \alpha_\infty$（无下洗）；对于有限翼展，$\alpha_e = \alpha - \Delta\alpha$，实际有效冲角减小。

（2）升力减小　设 F_y、F_x 分别表示有限翼展的升力和阻力；$F_{y\infty}$、$F_{x\infty}$ 分别表示无限翼展的升力和阻力。有限翼展与无限翼展的展弦比虽然不同，但如果翼型相同、有效冲角相同，则两种翼型的绕流是相似的。

由于无限翼展无下洗现象，即 $\Delta\alpha = 0$，因此几何冲角就是有效冲角（$\alpha_\infty = \alpha_{\infty e}$）。当有限翼展机翼的有效冲角 α_e 等于无限翼展的几何冲角，即 $\alpha_e = \alpha_\infty$ 时，两种机翼的流动相似，升力系数和阻力系数相同。基于上述条件，比较这两种翼型的受力情况。

如果两种翼型的几何冲角相同，即 $\alpha_\infty = \alpha$，且无限翼展的升力系数为 $C_{y\infty}$，则有

$$C_{y\infty} = K_\infty (\alpha_\infty - \alpha_0) \tag{3-39}$$

式中，α_∞ 为无限翼展的几何冲角；α_0 为无升力冲角；K_∞ 为无限翼展升力系数特性曲线的斜率。

有限翼展的几何冲角为 α，其升力系数为 C_y，它应与几何冲角 $\alpha_\infty' = \alpha_e = \alpha - \Delta\alpha$ 的无限翼展的升力系数相同，即

$$C_y = K_\infty (\alpha_\infty' - \alpha_0) = K_\infty (\alpha - \Delta\alpha - \alpha_0) \tag{3-40}$$

比较两者：$\Delta C_y = C_{y\infty} - C_y = K_\infty [(\alpha_\infty - \alpha_0) - (\alpha - \Delta\alpha - \alpha_0)] = K_\infty \Delta\alpha$。可见，当两种翼型的几何冲角相同，即 $\alpha = \alpha_\infty$ 时，有限翼展的升力系数比无限翼展的升力系数减小了 $K_\infty \Delta\alpha$。

（3）阻力增加　如果两种翼型的有效冲角相同，有限翼展的几何冲角为 α，有效冲角为 α_e，该有限翼展应与几何冲角 $\alpha_\infty = \alpha_e = \alpha - \Delta\alpha$，且沿 v_∞' 方向运动的无限翼展相同，前者是以 v_∞ 为参考方向来定义升力和阻力的，后者则是以 v_∞' 为参考方向来定义升力和阻力的。因 v_∞ 和 v_∞' 的方向不同，则升力和阻力有以下变化，设 $\Delta\alpha$ 为常量，以 v_∞ 为参考方向，如图 3-7 所示。

升力为

$$F_y = F_{y\infty}\cos\Delta\alpha - F_{x\infty}\sin\Delta\alpha \approx F_{y\infty} - F_{x\infty}\Delta\alpha \qquad (3\text{-}41)$$

式中，$F_{x\infty}$ 比 $F_{y\infty}$ 小，$\Delta\alpha$ 也很小，故忽略高阶无穷小量，则有

$$F_y = F_{y\infty} \qquad (3\text{-}42)$$

阻力为

$$F_x = F_{x\infty}\cos\Delta\alpha + F_{y\infty}\sin\Delta\alpha \approx F_{x\infty} + F_{y\infty}\Delta\alpha \qquad (3\text{-}43)$$

由此可见，当有效冲角相同时，有限翼展机翼与无限翼展机翼相比较，升力相同，而阻力增加了约 $F_{y\infty}\Delta\alpha$，此力称为诱导阻力。

所谓阻力增大，并不是黏性阻力增大，而是无限翼展升力 $F_{y\infty}$ 在有限翼展阻力定义方向（v_∞ 方向）上有分量 $F_{y\infty}\Delta\alpha$，但对于无限翼展，没有诱导阻力，所以它的阻力是黏性阻力 F_0，即 $F_{x\infty} = F_0$。因此，有限翼展的阻力由黏性阻力（无限翼展阻力）和诱导阻力（有限翼展所引起的附加阻力）组成。即

$$F_x = F_0 + F_{y\infty}\Delta\alpha \qquad (3\text{-}44)$$

诱导阻力的产生是由于下洗作用，无限翼展的升力向后倾斜，使这个力在有限翼展的运动方向 v_∞ 方向上有分量，从而产生诱导阻力。只要是有限翼展，同时又有升力，则必然存在自由涡和产生下洗，也必定有诱导阻力。

诱导阻力为零的情况：①无限翼展或与之相当的机翼；②升力为零，即 v_∞ 沿无升力冲角方向。

2. 有限翼展与无限翼展的区别

1）有限翼展是空间三维流动，在翼面上存在横向流动，各剖面上、下表面的压差、升力与环量沿翼展的分布是不均匀的。

2）对于有限翼展，除机翼内有变强度的附着涡外，在机翼后面还存在一个自后缘向后延伸的自由涡面。

3）对于有限翼展，即使在理想流体的条件下，也存在一定的诱导阻力，这个阻力和流体的黏性无关，是一个只依赖于机翼平面形状和剖面形状的物理量。

3.2.3　有限翼展升力线理论

由前述讨论可知，用以代替机翼的附着涡，其左右两端必须和自由涡连接起来组成一个沿长度环流不变、无限长的涡旋系统。每一条附着涡在左右翼均应与一条自由涡连接起来组成一条"Π"形涡旋，整个附着涡系和整个自由涡系连接起来组成如图 3-8 所示的"Π"形涡系。这种由附着涡和自由涡连接起来组成的"Π"形涡旋，称为"Π"形涡（或马蹄形涡）。

可见有限翼展的计算，可以用"Π"形涡系的诱导流与平行流的合成流动来计算，这种将涡头叠合在一条直线上的"Π"形涡系作为机翼进行计算的理论称为升力线理论，该理论适用于小升力、大展弦比（$\lambda > 2$）且只限于机翼周围的流动情况。

为了引入升力线理论，特建立以下基本假设：

1）流体是不可压缩的、理想的、定常的。

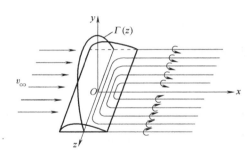

图 3-8　马蹄形涡

2）大展弦比（$l \gg b$），机翼可以用一条直线表示，附着涡叠加在这条直线上，叫作升力线，机翼可用一条升力线来代替。

3）在大展弦比和小冲角情况下，除翼梢外，翼型各剖面上的横向速度分量（翼展方向）及各物理量沿翼展方向的变化，比其他方向的速度分量及物理量的变化要小得多。因此，可以近似地把每一个横截面上的流动看作绕该翼型的均匀二维平面流动，但不同横截面上的平面流动彼此并不一样。也就是说，忽略沿翼展方向的流动，机翼上每一微元段可按平面流动处理（与无限翼展相同），此即所谓的平面截面假定。有了这个假设，只要设法找出环量 Γ 沿翼展方向的分布即可，因为若已知 Γ 沿翼展分布，就可以用库塔-茹科夫斯基升力公式求出每个翼型剖面上所受的升力，然后沿翼展积分求得整个机翼所受的总升力。

4）自由涡系沿来流 v_∞ 方向，向后延伸至无穷远处。事实上，涡线随流体一起运动，在其本身的诱导下，随着向后距离的增加，将产生向下的诱导速度而使尾涡（自由涡）偏离来流方向，发生向下的弯曲变形，并在本身诱导速度的作用下，在离开后缘一倍翼展左右的地方向后逐渐卷成两个孤立的大涡旋，如图3-6所示。由于上述变形主要发生在远离机翼的地方，因此在升力不大、尾涡较弱的情况下，可忽略这种变形对升力和诱导阻力的影响，可近似地假定每条尾涡仍然按照来流方向，整个自由涡面位于平行于来流的平面内并向后延伸至无穷远处。

1. 下洗速度

如3.2.2节所述，由于自由涡的存在，机翼平面上产生了诱导速度场，将这个速度分解为 v_∞ 和翼展 l 所组成平面的垂直方向的分量（即下洗速度，用 v_{iy} 表示），如图3-9所示。

由图3-9可知
$$v'_\infty = v_\infty + v_{iy}$$

由于下洗速度 v_{iy} 的作用，使实际来流减小了 $\Delta\alpha$，$\Delta\alpha$ 称为下洗角。

由速度三角形可知

$$\tan\Delta\alpha = -\frac{v_{iy}}{v_\infty} \tag{3-45}$$

一般 $\Delta\alpha$ 很小，故有 $\tan\Delta\alpha \approx \Delta\alpha$，则

$$\Delta\alpha = -\frac{v_{iy}}{v_\infty} \tag{3-46}$$

如图3-10所示，在 z_1 处取一微元段 Δz，其环量为 $\Delta\Gamma$，则

$$\Delta\Gamma = \Gamma(z_1 + \Delta z) - \Gamma(z_1) \tag{3-47}$$

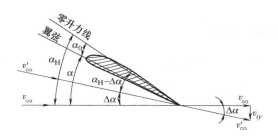

图3-9　机翼的下洗速度

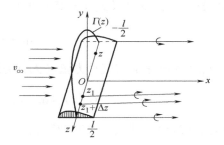

图3-10　机翼的气动力计算

对机翼上的点 z 产生诱导速度的涡,只有起始于机翼后缘、向后延伸至无穷远处的半无限长的自由涡起作用,而附着涡位于机翼上,所以对其自身机翼上的点 z 不起作用。按半无限长直线涡求 $\Delta\Gamma$ 对点 z 的诱导速度,即

$$\mathrm{d}v_{iy} = \frac{\Delta\Gamma}{4\pi(z-z_1)} \tag{3-48}$$

整个涡系(自由涡系)对点 z 的总诱导速度为

$$v_{iy} = \frac{1}{4\pi}\int_{-\frac{l}{2}}^{\frac{l}{2}} \frac{\mathrm{d}\Gamma}{z_1-z} = \frac{1}{4\pi}\int_{-\frac{l}{2}}^{\frac{l}{2}} \frac{\frac{\mathrm{d}\Gamma}{\mathrm{d}z_1}}{z_1-z}\mathrm{d}z_1 \tag{3-49}$$

由式(3-49)可见,v_{iy} 和 Γ 与沿 z 轴的分布规律有关,即为 $v_{iy}(z)$ 和 $\Gamma(z)$。下洗速度 v_{iy} 取决于环量沿翼展的分布规律,而环量的分布规律与机翼平面形状以及来流情况有关,因此要计算下洗速度,必须首先建立环量分布与机翼形状参数及绕流参数之间的关系。

2. 环量的确定

实际来流的冲角受自由涡系的影响,而自由涡系本身的强度分布又反过来取决于下洗角 $\Delta\alpha$,所以只能由 $\Gamma(z)$ 与来流即下洗角 $\Delta\alpha$ 的相互依赖关系来决定 $\Gamma(z)$。

对于翼展上的微元段 $\mathrm{d}z$,其所受升力应按下洗后的实际来流 $v'_\infty = v_\infty + v_{iy}$ 来计算,但在一般情况下,下洗速度 v_{iy} 不大,可忽略,所以有

$$\mathrm{d}F_y = \rho v'_\infty \Gamma(z)\mathrm{d}z \approx \rho v_\infty \Gamma(z)\mathrm{d}z \tag{3-50}$$

升力可用无量纲升力系数表示为

$$\mathrm{d}F_y = \frac{1}{2}C_y(z)\rho v'^2_\infty b(z)\mathrm{d}z \approx \frac{1}{2}C_y(z)\rho v^2_\infty b(z)\mathrm{d}z \tag{3-51}$$

式中,$b(z)$ 是翼弦沿翼展的分布函数。对比式(3-50)和式(3-51)可得

$$\Gamma(z) = \frac{1}{2}C_y(z)b(z)v_\infty \tag{3-52}$$

根据平面机翼理论,$C_y(z)$ 与来流的气动力冲角(有效冲角)呈线性关系,即 $C_y(z) = \alpha_0\alpha_H$,其中 α_H 是以零升力线为参考时与无穷来流的夹角。α_H 与几何冲角 α 的关系为 $\alpha_H = \alpha - \alpha_0$,其中 α_0 是零升力冲角,通常为一较小的负值且为常数,$\alpha_0 = -2° \sim 0$,也就是升力曲线的斜率,其大小取决于翼弦的形状。由平面机翼理论可知,各个翼型剖面的形状与扭转角都可能有所不同,因此一般来说,α_0、α_H 都是 z 的函数(沿翼展变化)。

由于下洗的影响,v_∞ 偏转了 $\Delta\alpha$ 角,变为 v'_∞,因而实际的有效气动力冲角 α_H 减小了一个下洗角 $\Delta\alpha$,由图 3-9 及式(3-45)可知

$$\alpha'_H = \alpha_H - \Delta\alpha = \alpha_H + \frac{v_{iy}}{v_\infty} \tag{3-53}$$

式中,α'_H 为实际来流与气动力弦(无升力线)的夹角。因此有

$$C_y(z) = \alpha_0\left[\alpha_H(z) - \Delta\alpha\right] = \alpha_0\left[\alpha_H(z) + \frac{v_{iy}}{v_\infty}\right] \tag{3-54}$$

将式(3-54)代入式(3-52)得

$$\Gamma(z) = \frac{1}{2}v_\infty \alpha_0 b(z)\left[\alpha_H(z) + \frac{v_{iy}}{v_\infty}\right] \text{ 或 } \Gamma(z) = \frac{1}{2}v_\infty \alpha_0 b(z)\left[\alpha_H(z) - \Delta\alpha\right] \tag{3-55}$$

式（3-55）即为 $\Gamma(z)$ 对 $\Delta\alpha$ 的依赖关系。

将式（3-49）的关系代入式（3-55），则有

$$\Gamma(z) = \frac{1}{2}v_\infty \alpha_0 b(z)\left[\alpha_H(z) + \frac{1}{4\pi v_\infty}\int_{-\frac{l}{2}}^{\frac{l}{2}}\frac{\dfrac{\mathrm{d}\Gamma}{\mathrm{d}z_1}}{z_1 - z}\mathrm{d}z_1\right] \tag{3-56}$$

$$\Delta\alpha = -\frac{v_{iy}}{v_\infty} = -\frac{1}{4\pi v_\infty}\int_{-\frac{l}{2}}^{\frac{l}{2}}\frac{\dfrac{\mathrm{d}\Gamma}{\mathrm{d}z_1}}{z_1 - z}\mathrm{d}z_1 \tag{3-57}$$

式（3-56）中 v_∞、$\alpha_H(z)$、$b(z)$、α_0 为已知，只有 $\Gamma(z)$ 是未知量，它在下述边界条件下求解

$$\Gamma\left(\frac{l}{2}\right) = \Gamma\left(-\frac{l}{2}\right) = 0 \tag{3-58}$$

式（3-56）是一个奇异线性积分微分方程，该方程无精确解，只有近似解，可利用格劳尔三角级数法等方法求解。

3. 变量代换

为了计算方便而引入新的变量 θ，它与 z 的关系为

$$z = -\frac{l}{2}\cos\theta \tag{3-59}$$

沿翼展当 z 按 $-\dfrac{l}{2} \to \dfrac{l}{2}$ 变化时，θ 按 $0 \to \pi$ 变化，如图 3-11 所示，将 $\Gamma(z)\left(-\dfrac{l}{2} \leqslant z \leqslant \dfrac{l}{2}\right)$ 做变量代换，变为 $\Gamma(\theta)\,(0 \leqslant \theta \leqslant \pi)$。在此区间内，将 $\Gamma(\theta)$ 展成三角级数，即

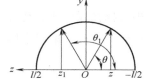

图 3-11　变量代换

$$\Gamma(\theta) = 2lv_\infty \sum_{n=1}^{\infty}A_n\sin(n\theta) \tag{3-60}$$

由图 3-11 可知，z_1 对应于 θ_1，其环量为 $\Gamma(\theta_1) = 2lv_\infty \sum\limits_{n=1}^{\infty}A_n\sin(n\theta_1)$，则

$$\mathrm{d}\Gamma(\theta_1) = 2lv_\infty \sum_{n=1}^{\infty}nA_n\cos(n\theta_1)\mathrm{d}\theta_1$$

$$z = -\frac{l}{2}\cos\theta, \quad z_1 = -\frac{l}{2}\cos\theta_1$$

将以上各结果代入式（3-49）得

$$v_{iy(\theta)} = \frac{1}{4\pi}\int_0^\pi \frac{2lv_\infty \sum\limits_{n=1}^{\infty}nA_n\cos(n\theta_1)\mathrm{d}\theta_1}{-\dfrac{l}{2}\cos\theta_1 + \dfrac{l}{2}\cos\theta} = -\frac{v_\infty}{\pi}\sum_{n=1}^{\infty}nA_n\int_0^\pi \frac{\cos(n\theta_1)}{\cos\theta_1 - \cos\theta}\mathrm{d}\theta_1$$

由格劳尔积分公式，有

$$\int_0^\pi \frac{\cos(n\theta_1)}{\cos\theta_1 - \cos\theta}\mathrm{d}\theta_1 = \pi\frac{\sin(n\theta)}{\sin\theta}$$

因此

$$v_{iy(\theta)} = -v_\infty \sum_{n=1}^{\infty}nA_n\frac{\sin(n\theta)}{\sin\theta} \tag{3-61}$$

$$\Delta\alpha = -\frac{v_{iy(\theta)}}{v_\infty} = \sum_{n=1}^\infty nA_n \frac{\sin(n\theta)}{\sin\theta} \qquad (3\text{-}62)$$

将式（3-60）~式（3-62）代入式（3-55）得

$$2lv_\infty \sum_{n=1}^\infty A_n \sin(n\theta) = \frac{1}{2}v_\infty \alpha_0 b(\theta)\left[\alpha_H(\theta) - \sum_{n=1}^\infty nA_n \frac{\sin(n\theta)}{\sin\theta}\right]$$

即

$$\sum_{n=1}^\infty A_n \sin(n\theta) = \frac{\alpha_0 b(\theta)}{4l}\left[\alpha_H(\theta) - \sum_{n=1}^\infty nA_n \frac{\sin(n\theta)}{\sin\theta}\right]$$

令 $\mu(\theta) = \dfrac{\alpha_0 b(\theta)}{4l}$，则有

$$\sum_{n=1}^\infty \left[n\mu(\theta) + \sin\theta\right]A_n \sin(n\theta) = \mu(\theta)\alpha_H(\theta)\sin\theta \qquad (3\text{-}63)$$

式（3-63）是确定 A_n 的线性代数方程，它是无穷阶的，在实际计算中不可能求出精确解，所以常常求它的 k 阶近似解，即在式（3-63）中取 k 项逼近无穷级数，然后在机翼上选取 k 个不同的剖面，也就是 k 个不同的 θ 值，对每一个 θ 值写出 k 个线性代数方程，用来确定 k 个系数 $A_1, A_2, A_3, \cdots, A_k$。将各系数代入式（3-60），则环量 $\Gamma(\theta)$ 也就确定了。

如果机翼是对称的，而且做没有侧滑的平直飞行，则整个流动对称于 xOy 平面，A_n 的偶数项皆为零，这时只需在半个机翼的范围内 $\left(0 \leqslant \theta \leqslant \dfrac{\pi}{2}\right)$ 选取 k 个不同的剖面即可，这些剖面应当选择在翼型或翼弦有显著变化的地方。实践表明，取级数的前四项 A_1、A_3、A_5、A_7 就足够精确。为此，取以下四个 θ 值作为计算点

$$\theta = \frac{\pi}{8} \text{、} \quad \frac{\pi}{4} \text{、} \quad \frac{3\pi}{8} \text{、} \quad \frac{\pi}{2}$$

将它们代入式（3-62），可得到下列确定 A_1、A_3、A_5、A_7 的线性代数方程组：

$\theta = \dfrac{\pi}{8}$ 时

$$\sin\frac{\pi}{8}\left(\mu_1 + \sin\frac{\pi}{8}\right)A_1 + \sin\frac{3\pi}{8}\left(3\mu_1 + \sin\frac{\pi}{8}\right)A_3 + \sin\frac{5\pi}{8}\left(5\mu_1 + \sin\frac{\pi}{8}\right)A_5 +$$
$$\sin\frac{7\pi}{8}\left(7\mu_1 + \sin\frac{\pi}{8}\right)A_7 = \sin\frac{\pi}{8}\mu_1\alpha_{H1} \qquad (3\text{-}64)$$

$\theta = \dfrac{\pi}{4}$ 时

$$\sin\frac{\pi}{4}\left(\mu_2 + \sin\frac{\pi}{4}\right)A_1 + \sin\frac{3\pi}{4}\left(3\mu_2 + \sin\frac{\pi}{4}\right)A_3 + \sin\frac{5\pi}{4}\left(5\mu_2 + \sin\frac{\pi}{4}\right)A_5 +$$
$$\sin\frac{7\pi}{4}\left(7\mu_2 + \sin\frac{\pi}{4}\right)A_7 = \sin\frac{\pi}{4}\mu_2\alpha_{H2} \qquad (3\text{-}65)$$

$\theta = \dfrac{3\pi}{8}$ 时

$$\sin\frac{3\pi}{8}\left(\mu_3 + \sin\frac{3\pi}{8}\right)A_1 + \sin\frac{3\times3\pi}{8}\left(3\mu_3 + \sin\frac{3\pi}{8}\right)A_3 + \sin\frac{3\times5\pi}{8}\left(5\mu_3 + \sin\frac{3\pi}{8}\right)A_5 +$$
$$\sin\frac{3\times7\pi}{8}\left(7\mu_3 + \sin\frac{3\pi}{8}\right)A_7 = \sin\frac{3\pi}{8}\mu_3\alpha_{H3} \qquad (3\text{-}66)$$

$\theta = \dfrac{\pi}{2}$ 时

$$\sin\frac{\pi}{2}\left(\mu_4 + \sin\frac{\pi}{2}\right)A_1 + \sin\frac{3\pi}{2}\left(3\mu_4 + \sin\frac{\pi}{2}\right)A_3 + \sin\frac{5\pi}{2}\left(5\mu_4 + \sin\frac{\pi}{2}\right)A_5 +$$

$$\sin\frac{7\pi}{2}\left(7\mu_4 + \sin\frac{\pi}{2}\right)A_7 = \sin\frac{\pi}{2}\mu_4\alpha_{H4} \tag{3-67}$$

简化后得到以下四个方程：

$$0.383(\mu_1 + 0.383)A_1 + 0.924(3\mu_1 + 0.383)A_3 + 0.924(5\mu_1 + 0.383)A_5 +$$

$$0.383(7\mu_1 + 0.383)A_7 = 0.383\mu_1\alpha_{H1} \tag{3-68}$$

$$(\mu_2 + 0.707)A_1 + (3\mu_2 + 0.707)A_3 - (5\mu_2 + 0.707)A_5 - (7\mu_2 + 0.707)A_7 = \mu_2\alpha_{H2} \tag{3-69}$$

$$0.924(\mu_3 + 0.924)A_1 - 0.383(3\mu_3 + 0.924)A_3 - 0.383(5\mu_3 + 0.924)A_5 +$$

$$0.924(7\mu_3 + 0.924)A_7 = 0.924\mu_3\alpha_{H3} \tag{3-70}$$

$$(\mu_4 + 1)A_1 - (3\mu_4 + 1)A_3 + (5\mu_4 + 1)A_5 - (7\mu_4 + 1)A_7 = \mu_4\alpha_{H4} \tag{3-71}$$

式中，μ_1、μ_2、μ_3、μ_4、α_{H1}、α_{H2}、α_{H3}、α_{H4} 是已知量，解此方程组可求得 A_1、A_3、A_5、A_7。

4. 升力与诱导阻力

有了翼展方向的环量分布 $\Gamma(z)$，即可求出其他气动力特性。

（1）升力 微元段 $\mathrm{d}z$ 的升力为

$$\mathrm{d}F_y = \rho v_\infty \Gamma(z)\mathrm{d}z$$

由图 3-11 所示的变量代换可得

$$\mathrm{d}F_y = \rho v_\infty \times 2lv_\infty \sum_{n=1}^{\infty} A_n \sin(n\theta) \times \frac{l}{2}\sin\theta\mathrm{d}\theta = \rho v_\infty^2 l^2 \sum_{n=1}^{\infty} A_n \sin(n\theta)\sin\theta\mathrm{d}\theta \tag{3-72}$$

沿翼展 z 由 $-\dfrac{l}{2} \rightarrow \dfrac{l}{2}$，$\theta$ 由 $0 \rightarrow \pi$ 积分得

$$F_y = \rho v_\infty^2 l^2 \sum_{n=1}^{\infty} A_n \int_0^\pi \sin(n\theta)\sin\theta\mathrm{d}\theta \tag{3-73}$$

考虑到积分

$$\int_0^\pi \sin(n\theta)\sin(m\theta)\mathrm{d}\theta = \begin{cases} \dfrac{\pi}{2}, & n = m \\ 0, & n \neq m \end{cases}$$

取 $n = m = 1$，则有

$$F_y = \rho v_\infty^2 l^2 \sum_{n=1}^{\infty} A_n \frac{\pi}{2}\int_0^\pi \sin(n\theta)\sin\theta\mathrm{d}\theta = \pi\frac{\rho v_\infty^2}{2}l^2 A_1 \tag{3-74}$$

升力系数为

$$C_y = \frac{F_y}{\dfrac{1}{2}\rho v_\infty^2 A} = \pi\frac{l^2}{A}A_1 = \pi\lambda A_1 \tag{3-75}$$

式中，A 为机翼平面面积（m^2）；l 为翼展长度（m）。

（2）阻力（诱导阻力）

$$\mathrm{d}F_x = \mathrm{d}F_y\tan\Delta\alpha \approx \mathrm{d}F_y\Delta\alpha = \mathrm{d}F_y\left(-\frac{v_{iy}}{v_\infty}\right)$$

$$= \rho v_\infty \Gamma(\theta)\mathrm{d}z\Delta\alpha \tag{3-76}$$

将 $\Delta\alpha = \sum\limits_{n=1}^{\infty} nA_n \dfrac{\sin(n\theta)}{\sin\theta}$、$\Gamma(\theta) = 2lv_\infty \sum\limits_{m=1}^{\infty} A_m \sin(m\theta)$、$\mathrm{d}z = \dfrac{l}{2}\sin\theta\mathrm{d}\theta$ 代入式（3-76）得

$$\mathrm{d}F_x = \left[\rho l^2 v_\infty^2 \sum_{m=1}^{\infty} A_m \sin(m\theta)\sin\theta\right]\left[\sum_{n=1}^{\infty} nA_n \frac{\sin(n\theta)}{\sin\theta}\right]\mathrm{d}\theta$$

$$= \rho l^2 v_\infty^2 \left[\sum_{m=1}^{\infty} A_m \sin(m\theta)\right]\left[\sum_{n=1}^{\infty} nA_n \sin(n\theta)\right]\mathrm{d}\theta$$

$$F_x = \rho l^2 v_\infty^2 \sum_{m=1}^{\infty}\sum_{n=1}^{\infty} nA_n A_m \int_0^\pi \sin(m\theta)\sin(n\theta)\mathrm{d}\theta, \quad m = n$$

$$F_x = \rho l^2 v_\infty^2 \frac{\pi}{2}\sum_{n=1}^{\infty} nA_n^2 = \pi l^2 \frac{\rho v_\infty^2}{2}\sum_{n=1}^{\infty} nA_n^2 \tag{3-77}$$

阻力系数为

$$C_x = \frac{F_x}{\frac{1}{2}\rho v_\infty^2 A} = \pi \frac{l^2}{A}\sum_{n=1}^{\infty} nA_n^2 = \pi\lambda \sum_{n=1}^{\infty} nA_n^2 \tag{3-78}$$

或

$$C_x = \frac{(\pi\lambda)^2 A_1^2}{\pi\lambda}\frac{\sum\limits_{n=1}^{\infty} nA_n^2}{A_1^2} = \frac{(C_y)^2}{\pi\lambda}\frac{\sum\limits_{n=1}^{\infty} nA_n^2}{A_1^2} = \frac{(C_y)^2}{\pi\lambda}\left(1 + \frac{\sum\limits_{n=2}^{\infty} nA_n}{A_1^2}\right) \tag{3-79}$$

取 $n \neq 1$，$n \geq 2$，若令 $\delta = \dfrac{\sum\limits_{n=2}^{\infty} nA_n^2}{A_1^2} \geq 0$，则有

$$C_x = \frac{(C_y)^2}{\pi\lambda}(1 + \delta) \tag{3-80}$$

由式（3-80）可知，诱导阻力系数总是大于零的正数，也就是说有限翼展机翼飞行时，诱导阻力总是存在，并且它和升力系数的二次方成正比，与翼弦比成反比，机翼平面形状的影响体现在 δ 值上。因此，为了得到良好的升阻比，在长距离航行时最好采用大翼弦比，中等速度飞机的展弦比应限制在 8 或 10 上下；而高速飞机的诱导阻力与其他阻力部分（主要是波阻）相比很小，为了减小波阻，常采用小展弦比，甚至小到 $\lambda = 1.5$ 左右。

5. 最小诱导阻力与椭圆形机翼

本部分主要介绍在给定升力系数 C_y 和展弦比 λ 的条件下，何种机翼平面形状具有最小的诱导阻力，即从空气动力学的角度来分析什么样的机翼平面形状最有利。

由式（3-74）和式（3-75）可知，升力的计算公式为

$$F_y = \pi \frac{\rho v_\infty^2}{2} l^2 A_1$$

升力系数为

$$C_y = \pi\lambda A_1$$

为保证升力，应满足 $A_1 \neq 0$。

由式（3-77）可知，诱导阻力为

$$F_x = \pi l^2 \frac{\rho v_\infty^2}{2}\sum_{n=1}^{\infty} nA_n^2$$

由式（3-79）可知，阻力系数为

$$C_x = \frac{(C_y)^2}{\pi\lambda}(1+\delta)$$

要使 C_x 最小，必有 $\delta = \dfrac{\sum\limits_{n=2}^{\infty} nA_n^2}{A_1^2} = 0$，即 $A_n = 0(n > 2)$。

此时相应的环量分布为

$$\Gamma(\theta) = 2lv_\infty A_1 \sin(\theta)$$

当 $\theta = \dfrac{\pi}{2}$ 时，$\Gamma(\theta) = \Gamma\left(\dfrac{\pi}{2}\right) = 2lv_\infty A_1 = \Gamma_{max}$，$\sin\theta = \sqrt{1 - \cos^2\theta}$，$\cos\theta = -\dfrac{z}{l/2}$，则

$$\Gamma(z) = \Gamma_{max}\sqrt{1 - \left(\frac{z}{l/2}\right)^2}$$

化简得

$$\frac{\Gamma(z)^2}{\Gamma_{max}^2} + \frac{z^2}{(l/2)^2} = 1 \tag{3-81}$$

由式（3-81）可知，环量沿翼展呈椭圆形分布时，所引起的诱导阻力最小。

这时由式（3-61）及式（3-62）可知，$n = 1$ 时：

下洗速度　　　　　　$v_{iy} = -v_\infty \sum\limits_{n=1}^{\infty} nA_n \dfrac{\sin(n\theta)}{\sin\theta} = -v_\infty A_1$

下洗角　　　　　　　$\Delta\alpha = \sum\limits_{n=1}^{\infty} nA_n \dfrac{\sin(n\theta)}{\sin\theta} = A_1$

又由 $C_y = \pi\lambda A_1$ 得 $A_1 = \dfrac{C_y}{\pi\lambda}$，由 $\Gamma_{max} = 2lv_\infty A_1$ 得 $A_1 = \dfrac{\Gamma_{max}}{2lv_\infty}$，所以

$$\Delta\alpha = A_1 = \frac{C_y}{\pi\lambda} = \frac{\Gamma_{max}}{2lv_\infty} \tag{3-82}$$

式（3-82）说明，当环量沿翼展呈椭圆形分布时，其下洗速度、下洗角与 θ 无关，沿翼展均为常数，实际有效冲角 $\alpha_H' = \alpha_H - \Delta\alpha$ 也是常数。

由 $C_y(z) = \alpha_0[\alpha_H(z) - \Delta\alpha]$，如果 $\alpha_0(z)$ 也是常数，则 $C_y(z)$ 是常数。

由式（3-52）可知

$$\Gamma(z) = \frac{1}{2}C_y(z)b(z)v_\infty$$

翼弦沿翼展的分布函数为

$$b(z) = \frac{2\Gamma(z)}{C_y(z)v_\infty} = \frac{4lv_\infty A_1}{C_y(z)v_\infty}\sqrt{1 - \left(\frac{z}{l/2}\right)^2}$$

令 $l_0 = \dfrac{4lv_\infty A_1}{C_y(z)v_\infty}$，则

$$b(z) = l_0\sqrt{1 - \left(\frac{z}{l/2}\right)^2}$$

两边取二次方后整理得

$$\frac{b^2(z)}{l_0^2} + \frac{z^2}{(l/2)^2} = 1 \tag{3-83}$$

可见，弦长沿翼展也应按椭圆规律变化，也就是说，具有最小诱导阻力的机翼平面形状是椭圆形。

椭圆形机翼的诱导阻力系数为

$$C_x = \frac{(C_y)^2}{\pi\lambda}(1+\delta)$$

当 $\delta = 0$ 时，有

$$C_x = \frac{(C_y)^2}{\pi\lambda} \tag{3-84}$$

可见，式（3-80）中的 δ 为任意形状机翼的诱导阻力相对于椭圆形机翼诱导阻力的修正值，机翼越接近椭圆形，δ 值就越小。

虽然椭圆形机翼是气动力性能最好的机翼，但其结构不利于加工；而梯形机翼与椭圆形机翼相比气动力性能差别不大，但结构简单、加工方便，常在低速飞机中采用。

实践证明，升力线理论用于 $\lambda > 3$ 的直机翼时是成功的，对小展弦比则不能用升力线理论，须用升力面理论或其他更精确的理论计算方法。

第 4 章

叶栅的受力
与特征方程

许多叶片式流体机械，如水轮机、叶片泵、鼓风机、船舶推进器等都有带叶片的工作轮，而叶片的形状大都是翼型剖面，工作轮就是靠这些叶片工作的。叶栅则是剖面为翼型的一系列叶片的组合。所以机翼与叶栅理论为流体机械的设计奠定了理论基础。

4.1 叶栅的基本概念

1. 叶栅的定义

等距离呈周期性排列起来的许多相同的叶片组合叫叶栅，也叫翼栅。由于叶片间的相互影响，使叶栅绕流不同于单个孤立叶片。

叶栅理论的任务是研究叶栅与流体相互作用的关系以及影响这些关系的因素，即对某一给定的叶栅，定量地描绘流场内压力和速度的分布规律，或者根据给定规律设计出符合要求的叶栅。

所有叶片式流体机械的工作原理都是基于绕流介质与叶栅的相互作用，要提高流体机械效率、改善工作性能，必须研究流体与叶栅的相互作用关系，故叶栅理论是研究流体机械的理论基础。

2. 叶栅的分类

工程实际中的叶栅是多种多样的，为方便起见，可将叶栅从不同的角度加以分类。

（1）按绕流流面的角度分类

1）平面叶栅。绕流叶栅的流面是平面或虽然是曲面但可展成平面的叶栅叫平面叶栅。例如：混流式水轮机的固定导叶和活动导叶、水泵的固定导叶等流体机械叶片构成的叶栅流面为平面；而轴流式水轮机转轮、船舶推进器、水泵叶轮、风机叶轮等流体机械叶片构成的叶栅流面虽然是曲面（柱面），但可展成平面，也是平面叶栅。绕平面叶栅的流动为平面流动，如图 4-1 所示。

2）空间叶栅。绕流叶栅的流面为非平面，也不能展成平面的叶栅，称为空间叶栅。混流式水轮机的转轮、水泵的叶轮等即为空间叶栅，空间叶栅的绕流为空间流动。

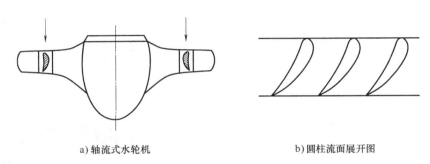

a) 轴流式水轮机　　　　　　　　　b) 圆柱流面展开图

图 4-1　平面叶栅

（2）按列线分类

1）直列叶栅。流面上列线为直线的叶栅称为直列叶栅，如轴流式水轮机的转轮。

2）环列叶栅。流面上列线为圆周的叶栅称为环列叶栅，如离心泵的叶轮、混流式水轮机的转轮等均为环列叶栅。

（3）按叶栅运动与否分类

1）不动叶栅。叶栅本身不动的为不动叶栅，如水轮机导水机构、水泵导叶等。

2）运动叶栅。叶栅本身是运动的为运动叶栅。运动叶栅又可分为移动叶栅和转动叶栅：

① 移动叶栅：在叶栅做功的过程中，只有直列叶栅才进行移动做功，如轴流式叶轮叶栅。

② 转动叶栅：在叶栅做功的过程中，只有环列叶栅才进行转动做功，如离心式叶轮叶栅。

3. 叶栅的几何参数

（1）列线　叶栅中各叶片相应点的连线称为列线，如图 4-2 所示，通常用前缘点连线或后缘点连线表示。直列叶栅的列线为直线，环列叶栅的列线为圆周。

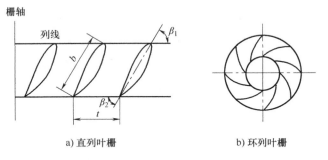

a) 直列叶栅　　　　　　　　　b) 环列叶栅

图 4-2　叶栅的几何参数

（2）栅轴　垂直于列线的直线称为叶栅轴，简称栅轴。对于环列叶栅，将对称轴定义为栅轴。

（3）栅距　叶栅中相邻两翼型相应点间的距离叫栅距，用 t 表示。

（4）翼弦　翼型上前缘、后缘之间的距离称为翼弦，用 b 表示。

（5）安放角　翼弦与列线的夹角称为翼型在叶栅中的安放角，用 β 表示。翼弦在前缘、后缘处与列线之间的夹角分别称为进口安放角和出口安放角，分别用 β_1 和 β_2 表示。

（6）稠密度　叶栅中翼弦与栅距的比值 $\dfrac{b}{t}$ 叫稠密度（仅对直列叶栅）。

4. 叶栅的绕流及其解法

（1）正问题 已知叶栅及栅前的流动情况，求栅后的流动情况及叶栅的气动力性能。

（2）反问题 给定栅前、栅后的流动情况，以及一定的气动力性能，设计叶栅。

（3）具体解法 升力法、流线法、奇点分布法、保角变换法、试验法、水电比拟法。

4.2 叶栅中翼型的受力

4.2.1 平面直列叶栅受力

将平面机翼中对单个翼型的库塔-茹科夫斯基升力公式推广到平面叶栅的翼型上去，以平面直列叶栅绕流为例，对其应用动量方程。

图 4-3 所示为一理想不可压缩流体绕其定常流动的平面直列叶栅，叶栅前后无穷远处来流速度 v_1、v_2 与水平方向之间的夹角分别为 α_1、α_2。建立如图所示的坐标系，取相距 t 的两条流线 AB、$A'B'$ 所围流体作为控制体，其垂直于纸面方向的厚度取为 1，其间有一翼型，因为是等距离、呈周期性排列的许多相同翼型，所以只研究控制面 $ABB'A'A$ 所包围的一个翼型即可。

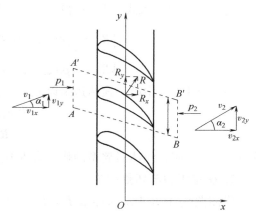

图 4-3 平面直列叶栅翼型受力

1. 对控制面 $ABB'A'A$ 应用动量方程

设流体对翼型的作用力为 R，其分量为 R_x、R_y，则翼型对流体（控制体）的作用力与此力大小相等、方向相反，如图 4-3 所示。

因为 AB、$A'B'$ 是两条完全相同的流线，所以 AB 与 $A'B'$ 上的作用力互相平衡，设作用于面 AA'、BB' 上的压强分别为 p_1、p_2，则作用在控制面上的外力在 x、y 方向的分量为

$$\left.\begin{array}{l} \sum F_x = (p_1 - p_2)t - R_x \\ \sum F_y = -R_y \end{array}\right\} \tag{4-1}$$

又由动量方程得

$$\left.\begin{array}{l} \sum F_x = \rho v_{2x} t v_{2x} - \rho v_{1x} t v_{1x} = \rho t(v_{2x}^2 - v_{1x}^2) \\ \sum F_y = \rho v_{2x} t v_{2y} - \rho v_{1x} t v_{1y} = \rho t(v_{2x}v_{2y} - v_{1x}v_{1y}) \end{array}\right\} \tag{4-2}$$

并由连续方程得

$$\rho v_{1x} t = \rho v_{2x} t$$

从而得到

$$v_{1x} = v_{2x} = v_x$$

则有

$$\sum F_x = 0, \quad \sum F_y = \rho t(v_{2x}v_{2y} - v_{1x}v_{1y}) \tag{4-3}$$

将式（4-1）代入式（4-3）得

$$\begin{cases} R_x = (p_1 - p_2)t \\ R_y = -\rho t(v_{2x}v_{2y} - v_{1x}v_{1y}) \end{cases} \tag{4-4}$$

列 AA'、BB' 断面的伯努利方程

$$p_1 - p_2 = \frac{1}{2}\rho(v_2^2 - v_1^2) = \frac{1}{2}\rho\left[(v_{2x}^2 + v_{2y}^2) - (v_{1x}^2 + v_{1y}^2)\right] = \frac{1}{2}\rho(v_{2y}^2 - v_{1y}^2)$$

并代入式（4-4）得

$$\begin{cases} R_x = \dfrac{1}{2}\rho t(v_{2y}^2 - v_{1y}^2) \\ R_y = -\rho t v_x(v_{2y} - v_{1y}) \end{cases} \tag{4-5}$$

因上、下游（栅前、栅后）的流速不一样，所以取其速度向量的平均值作为叶栅流动无穷远来流速度，记作 v_∞，即

$$v_\infty = \frac{1}{2}(v_1 + v_2), \quad v_{\infty x} = \frac{1}{2}(v_{1x} + v_{2x}) = v_x, \quad v_{\infty y} = \frac{1}{2}(v_{1y} + v_{2y})$$

将平均流速代入式（4-5）得

$$\begin{cases} R_x = \dfrac{1}{2}\rho t(v_{2y} + v_{1y})(v_{2y} - v_{1y}) = \rho t v_{\infty y}(v_{2y} - v_{1y}) \\ R_y = -\rho t v_{\infty x}(v_{2y} - v_{1y}) \end{cases} \tag{4-6}$$

将式（4-6）中第一式两边乘以 $v_{\infty x}$，第二式两边乘以 $v_{\infty y}$，然后将两式相加得

$$R_x v_{\infty x} + R_y v_{\infty y} = 0$$

即

$$\boldsymbol{R} \cdot \boldsymbol{v}_\infty = 0 \tag{4-7}$$

式（4-7）表明，流体对翼型的作用力 $\boldsymbol{R}$ 应垂直于 $\boldsymbol{v}_\infty$。

2. 确定阻力与环量的关系

沿闭曲线 $ABB'A'A$ 的环量 $\varGamma = \varGamma_{AB} + \varGamma_{BB'} + \varGamma_{B'A'} + \varGamma_{A'A}$，由于流线 AB 和 $A'B'$ 相同，故有 $\varGamma_{AB} = -\varGamma_{B'A'}$，则

$$\varGamma = \varGamma_{BB'} + \varGamma_{A'A} = \varGamma_{BB'} - \varGamma_{AA'} = v_{2y}t - v_{1y}t = t(v_{2y} - v_{1y}) \tag{4-8}$$

将式（4-8）代入式（4-6）得

$$\left. \begin{array}{l} R_x = \rho v_{\infty y}\varGamma \\ R_y = -\rho v_{\infty x}\varGamma \end{array} \right\} \tag{4-9}$$

复数形式为

$$\begin{aligned} R = R_x + \mathrm{i}R_y &= \rho v_{\infty y}\varGamma - \mathrm{i}\rho v_{\infty x}\varGamma \\ &= \rho\varGamma(v_{\infty y} - \mathrm{i}v_{\infty x}) = \frac{1}{\mathrm{i}}\rho\varGamma(v_{\infty x} + \mathrm{i}v_{\infty y}) = \mathrm{e}^{-\mathrm{i}\frac{\pi}{2}}\rho\varGamma\,|\,v_\infty\,| \end{aligned} \tag{4-10}$$

其中 $\dfrac{1}{\mathrm{i}} = \mathrm{e}^{-\mathrm{i}\frac{\pi}{2}}$。式（4-10）表明，作用力 $\boldsymbol{R}$ 的大小 $|\,\boldsymbol{R}\,| = \rho\,|\,v_\infty\,|\,\varGamma$，$\boldsymbol{R}$ 的方向为垂直于 $\boldsymbol{v}_\infty$ 的方向且逆环量转 90°。

如果令相邻两叶片的间距 t 无限增大，而环量 $\varGamma$ 保持不变，则由 $\varGamma = (v_{2y} - v_{1y})t$，必有 $v_{2y} = v_{1y}$，由此推知在有限位置上的那个叶片，其栅前、栅后的流速 v_1、v_2 完全一样，该流速用 v_∞ 表示，叶片升力大小 $R = \rho v_\infty\varGamma$。因此，孤立叶片是叶栅绕流的特例。

3. 黏性流体绕流的受力

上述推导对黏性流体仍然适用，只是在伯努利方程中加入水力损失 h_w，此时伯努利方

程为

$$p_1 + \frac{1}{2}\rho(v_{1x}^2 + v_{1y}^2) = p_2 + \frac{1}{2}\rho(v_{2x}^2 + v_{2y}^2) + \rho g h_{\mathrm{w}}$$

则

$$p_1 - p_2 = \frac{1}{2}\rho(v_{2y}^2 - v_{1y}^2) + \rho g h_{\mathrm{w}}$$

代入叶片受力分量式（4-4）得

$$R_x = \rho t v_{\infty y}(v_{2y} - v_{1y}) + \rho g h_{\mathrm{w}} t \tag{4-11}$$

又由式（4-8）可知 $\Gamma = t(v_{2y} - v_{1y})$，则式（4-11）可变为 $R_x = \rho v_{\infty y}\Gamma + \rho g h_{\mathrm{w}}t$，即

$$\left. \begin{array}{l} R_x = \rho v_{\infty y}\Gamma + \rho g h_{\mathrm{w}}t \\ R_y = -\rho v_{\infty x}\Gamma \end{array} \right\} \tag{4-12}$$

由以上分析可知，流体的黏性增大了翼型的轴向力，而径向（圆周列线方向）力几乎没有变化，但实际上，黏性对环量有影响，也与周向分力有关联，这时的合力 R' 不再与无穷远来流 v_∞ 垂直，如图4-4所示。因此，它在沿 v_∞ 方向及其垂直方向都有分量，分别为 R_D、R_L，其中 R_L 为与 v_∞ 垂直方向的分力，称为升力；R_D 为沿 v_∞ 方向的分力，称为翼型阻力。

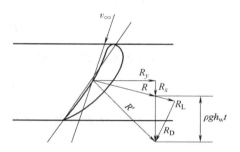

图4-4 黏性流体绕栅中翼型受力

4.2.2 平面环列叶栅受力

考虑不可压缩流体绕平面环列叶栅相互作用的力矩，如图4-5所示，取控制面为进口端和出口端半径为 r_1、r_2 的两个同心圆，w_1 和 w_2 分别为流进和流出的相对速度，β_1 和 β_2 分别为进流角和出流角，取柱坐标 (r, θ)，叶片产生的力矩 M 与 θ 的正方向一致。

对控制面（单位厚度）应用连续方程，则质量流量为

$$Q_m = 2\pi r_1 \rho w_1 \sin\beta_1 = 2\pi r_2 \rho w_2 \sin\beta_2 \tag{4-13}$$

对控制面应用动量矩定理，则有

$$M = 2\pi\rho(r_1^2 w_1^2 \sin\beta_1 \cos\beta_1 - r_2^2 w_2^2 \sin\beta_2 \cos\beta_2) \tag{4-14}$$

则进入控制面的速度环量（令顺时针方向为正）为

$$\Gamma_1 = -2\pi r_1 w_1 \cos\beta_1 \tag{4-15}$$

流出控制面的速度环量为

$$\Gamma_2 = -2\pi r_2 w_2 \cos\beta_2 \tag{4-16}$$

假定环列叶栅有 n 个叶片，每个叶片的速度环量为 Γ，则

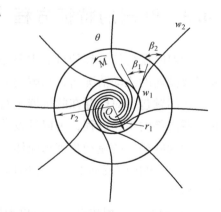

图4-5 平面环列叶栅受力分析

$$n\Gamma = \Gamma_2 - \Gamma_1 = -2\pi(r_2 w_2 \cos\beta_2 - r_1 w_1 \cos\beta_1) \tag{4-17}$$

假定通过环列叶栅（单位厚度）的体积流量为 Q，由式（4-13）可得

$$Q = \frac{Q_m}{\rho} = 2\pi r_1 w_1 \sin\beta_1 = 2\pi r_2 w_2 \sin\beta_2 \tag{4-18}$$

又由式（4-14）可得

$$M = \frac{2\pi\rho}{2\pi}(2\pi r_1^2 w_1^2 \sin\beta_1 \cos\beta_1 - 2\pi r_2^2 w_2^2 \sin\beta_2 \cos\beta_2) \tag{4-19}$$

将式（4-18）代入式（4-19）得

$$M = \frac{\rho 2\pi r_1 w_1 \sin\beta_1}{2\pi}(2\pi r_1 w_1 \cos\beta_1 - 2\pi r_2 w_2 \cos\beta_2)$$

$$= \frac{\rho Q}{2\pi}\big[-2\pi(r_2 w_2 \cos\beta_2 - r_1 w_1 \cos\beta_1)\big]$$

$$= \frac{\rho Q}{2\pi} n\Gamma \tag{4-20}$$

设环列叶栅有旋转角速度 ω，则其理论功率 P_1 为

$$P_1 = M\omega = \frac{\rho Q}{2\pi} n\Gamma\omega \tag{4-21}$$

P_1 乘以效率 η 得真实功率，即

$$P = P_1 \eta = \frac{\rho Q}{2\pi} n\Gamma\omega\eta \tag{4-22}$$

用总压头（扬程）H 表示为

$$P = \rho g Q H \tag{4-23}$$

使式（4-22）和式（4-23）相等，得到工作叶栅的速度环量与该叶轮机械的扬程（总压头）H 之间的关系为

$$\Gamma = \frac{2\pi g H}{n\omega\eta} \tag{4-24}$$

式（4-24）反映了速度环量 Γ 与该叶轮机械做功能力之间的关系。

4.3 叶栅的特征方程

学习叶栅特征方程的目的主要是用于解平面叶栅或空间叶栅的正问题，即根据给定的叶栅以及栅前的流动情况 v_1，求解栅后的流动情况 v_2。

正问题包括对已存在的机器进行检测，测定机器的实际工作情况是否满足设计要求，研究机器内部的工作过程，为以后设计提供资料并指出改进方向。

因为叶栅中的流动是理想流体、定常、有势的，所以绕流符合叠加原理：

1）如果栅前流动不改变方向而大小放大几倍，则栅后流动也不会改变方向且大小放大同样的倍数。

2）两个绕叶栅流动的合成仍为一绕此叶栅的流动，合成流动的速度等于分流动在各个相应点上速度的几何和。

3）若 v'、v'' 为绕某给定叶栅的两个定常、有势流动，则 $v = av' + bv''$ 也必定是绕该叶栅的一个定常、有势流动。

利用叶栅方程求解正问题的方法如下：

1）测定两个互不相似的绕给定叶栅的绕流参数。

2）根据这些参数求出能表征叶栅运动和动力特征的特征参数。

3）用作图法或解析法解此叶栅的任何绕流正问题。

4.3.1　不动平面叶栅的特征方程

对某一给定的平面叶栅作两个互不相似的平面直列叶栅的流动，测定其栅前、栅后的速度分别为

$$v'_{1x}、\quad v'_{1y}；\quad v'_{2y}$$

$$v''_{1x}、\quad v''_{1y}；\quad v''_{2y}$$

其中角标"1"表示栅前，角标"2"表示栅后，"'"表示第一个流动，"""表示第二个流动。对于待求的第三个流动，只要知道栅前流动 v_1，就可以求出它的栅后流动 v_2。现分别以图解法和解析法求解。

1. 图解法

已知 v' 和 v'' 两流动不共线，由叠加原理，则第三个流动的速度为

栅前：$\boldsymbol{v}_1 = a\boldsymbol{v}'_1 + b\boldsymbol{v}''_1$

栅后：$\boldsymbol{v}_2 = a\boldsymbol{v}'_2 + b\boldsymbol{v}''_2$

式中，系数 a、b 待定。

以 v_x 为横坐标、v_y 为纵坐标、O 为起始点，按比例作图，如图 4-6 所示。

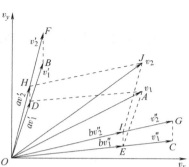

图 4-6　图解法示意图

1）作 v_1、v'_1、v''_1 的端点 A、B、C。

2）由点 A 作 v'_1、v''_1 的平行线，得到 D、E 两点，则 $OD = av'_1$，$OE = bv''_1$。

3）作 v'_2 和 v''_2 得到端点 F、G，由连续方程得 $v'_{1x} = v'_{2x} = v'_x$，$v''_{1x} = v''_{2x} = v''_x$，故有点 F 与点 B、点 G 与点 C 分别位于同一垂直线上。

4）由点 D、点 E 分别作垂线，交 v'_2、v''_2 于 H、I 两点，则有 $OH = av'_2$，$OI = bv''_2$。

5）过 H 和 I 两点分别作 v''_2、v'_2 的平行线相交于 J 点，则

$$\overrightarrow{OJ} = \overrightarrow{OH} + \overrightarrow{OI} = av'_2 + bv''_2 = v_2$$

$\overrightarrow{OJ}$ 即为所求。

当叶栅的几何参数为已知时，可求出 Γ、v_∞，进而求出作用力。

2. 解析法

由叠加原理 $v_1 = av'_1 + bv''_1$、$v_2 = av'_2 + bv''_2$，则

$$\begin{cases} v_x = av'_x + bv''_x \\ v_{1y} = av'_{1y} + bv''_{1y} \\ v_{2y} = av'_{2y} + bv''_{2y} \end{cases} \tag{4-25}$$

式中，a、b、v_{2y} 为未知。由前两式得到

$$a = \dfrac{\begin{vmatrix} v_x & v''_x \\ v_{1y} & v''_{1y} \end{vmatrix}}{\begin{vmatrix} v'_x & v''_x \\ v'_{1y} & v''_{1y} \end{vmatrix}}；\quad b = \dfrac{\begin{vmatrix} v'_x & v_x \\ v'_{1y} & v_{1y} \end{vmatrix}}{\begin{vmatrix} v'_x & v''_x \\ v'_{1y} & v''_{1y} \end{vmatrix}}$$

将 a、b 代入式（4-25）中第三个方程得

$$v_{2y} = \frac{\begin{vmatrix} v_x & v_x'' \\ v_{1y} & v_{1y}'' \end{vmatrix}}{\begin{vmatrix} v_x' & v_x'' \\ v_{1y}' & v_{1y}'' \end{vmatrix}} v_{2y}' + \frac{\begin{vmatrix} v_x' & v_x \\ v_{1y}' & v_{1y} \end{vmatrix}}{\begin{vmatrix} v_x' & v_x'' \\ v_{1y}' & v_{1y}'' \end{vmatrix}} v_{2y}'' \tag{4-26}$$

为了用待求的第三个流动的栅前流速 v_{1y} 和 v_x 来表示其栅后流速 v_{2y}，将式（4-26）中行列式的分子展开（分母相同）并按 v_{1y}、v_x 整理得

$$v_x v_{1y}'' v_{2y}' - v_x'' v_{1y} v_{2y}' + v_x' v_{1y} v_{2y}'' - v_x v_{1y}' v_{2y}'' = v_x(v_{1y}'' v_{2y}' - v_{1y}' v_{2y}'') + v_{1y}(v_x' v_{2y}'' - v_x'' v_{2y}')$$

$$= v_x \begin{vmatrix} v_{1y}'' & v_{1y}' \\ v_{2y}'' & v_{2y}' \end{vmatrix} + v_{1y} \begin{vmatrix} v_x' & v_x'' \\ v_{2y}' & v_{2y}'' \end{vmatrix} \tag{4-27}$$

将式（4-27）代入式（4-26）得

$$v_{2y} = \frac{\begin{vmatrix} v_x' & v_x'' \\ v_{2y}' & v_{2y}'' \end{vmatrix}}{\begin{vmatrix} v_x' & v_x'' \\ v_{1y}' & v_{1y}'' \end{vmatrix}} v_{1y} + \frac{\begin{vmatrix} v_{1y}'' & v_{1y}' \\ v_{2y}'' & v_{2y}' \end{vmatrix}}{\begin{vmatrix} v_x' & v_x'' \\ v_{1y}' & v_{1y}'' \end{vmatrix}} v_x \tag{4-28}$$

令 $k = \dfrac{\begin{vmatrix} v_x' & v_x'' \\ v_{2y}' & v_{2y}'' \end{vmatrix}}{\begin{vmatrix} v_x' & v_x'' \\ v_{1y}' & v_{1y}'' \end{vmatrix}}$，$m = \dfrac{\begin{vmatrix} v_{1y}'' & v_{1y}' \\ v_{2y}'' & v_{2y}' \end{vmatrix}}{\begin{vmatrix} v_x' & v_x'' \\ v_{1y}' & v_{1y}'' \end{vmatrix}}$，则式（4-28）可变形为

$$v_{2y} = k v_{1y} + m v_x$$

$$= k v_{1y} + (1-k)\frac{m}{1-k} v_x \tag{4-29}$$

令 $i_0 = \dfrac{m}{1-k}$ 为零向系数，则有

$$v_{2y} = k v_{1y} + (1-k) i_0 v_x \tag{4-30}$$

式（4-30）为不动叶栅的特征方程。

若平面直列叶栅是由轴流式叶轮、半径为 r 的单位厚度流层所展开的，现以叶栅列线的周长 $2\pi r$ 乘以式（4-30）的两边，则

$$2\pi r v_{2y} = k 2\pi r v_{1y} + (1-k) i_0 2\pi r v_x$$

即

$$\Gamma_2 = k\Gamma_1 + (1-k) i_0 Q \tag{4-31}$$

3. 特征系数的意义

上述公式中的 k、i_0、m 均为特征系数。

（1）穿透系数 k　穿透系数表示当流量保持不变、栅前流动方向改变时，对栅后流动方向的影响。

如图 4-7 所示，设有两个流动，其栅前、栅后的速度分别为

$$v_x', \quad v_{1y}'; \quad v_{2y}'$$
$$v_x'', \quad v_{1y}''; \quad v_{2y}''$$

且有 $v_x' = v_x'' = v_x$，由特征方程

$$v_{2y}' = k v_{1y}' + (1-k) i_0 v_x$$
$$v_{2y}'' = k v_{1y}'' + (1-k) i_0 v_x$$

两式相减得

$$v_{2y}'' - v_{2y}' = k(v_{1y}'' - v_{1y}')$$
$$\Delta v_{2y} = k \Delta v_{1y}$$

$$k = \frac{\Delta v_{2y}}{\Delta v_{1y}} \tag{4-32}$$

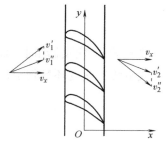

图 4-7　穿透系数 k 证明用图

或由式（4-31）得

$$\Gamma_2' = k \Gamma_1' + (1-k) i_0 Q$$
$$\Gamma_2'' = k \Gamma_1'' + (1-k) i_0 Q$$

两式相减得

$$\Gamma_2'' - \Gamma_2' = k(\Gamma_1'' - \Gamma_1')$$

则

$$k = \frac{\Delta \Gamma_2}{\Delta \Gamma_1} \tag{4-33}$$

式（4-33）表明了在流量不变的条件下，当栅前环量发生一个单位变化时，所引起的栅后环量的改变量。现做如下讨论：

1）对于单个翼型，$t \to \infty$，稠密度 $\frac{b}{t} = 0$，流动绕过叶栅后不变，栅前、栅后的速度方向一样，这时 $\Delta v_{2y} = \Delta v_{1y}$、$k = 1$。

2）对于 $t \to 0$、$\frac{b}{t} \to \infty$ 的情况，流体被栅中翼型所夹持流过叶栅后，流动方向始终与叶片的出口角一致，无论栅前的来流方向如何改变，栅后的流动方向始终不变，此时 $\Delta v_{2y} = 0$、$k = 0$。

穿透系数 k 是随稠密度 $\frac{b}{t}$ 而变化的，当 $0 \le \frac{b}{t} \le \infty$ 时，$1 \le k \le 0$，k 值大时，叶栅稀疏，反之叶栅稠密、穿透性差。

上述证明虽是对平面直列叶栅导出的，但是其结果对平面任意叶栅均适用。

（2）零向系数 i_0　零向系数表示零向流动时，流动方向的正切，如图 4-8 所示。若 k、i_0 为已知，则当栅前来流为零向流动（升力为零）时，有

$$v_1 = v_2 = v_0$$

由特征方程

$$v_{y0} = k v_{y0} + (1-k) i_0 v_{x0}$$

得

$$(1-k) v_{y0} = (1-k) i_0 v_{x0}$$

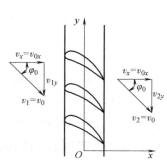

图 4-8　零向系数 i_0 证明用图

即
$$i_0 = \frac{v_{y0}}{v_{x0}} = \tan\varphi_0 \tag{4-34}$$

故 i_0 表示零向流动时，流动方向的正切。

或由绕流速度环量判定，即栅前、栅后相对的叶栅绕流满足 $\Gamma_1 = \Gamma_2 = \Gamma_0$，由特征方程
$$\Gamma_0 = k\Gamma_0 + (1-k)i_0 Q_0$$

$$i_0 = \frac{\Gamma_0}{Q_0} = \frac{2\pi r v_{y0}}{2\pi r v_{x0}} = \frac{v_{y0}}{v_{x0}} = \tan\varphi_0 \tag{4-35}$$

当 $\Gamma_1 = \Gamma_2$ 时，绕翼型环量等于零，从而翼型升力为零，将这种流动称为零向流动，故 i_0 称为零向系数。

（3）法向系数 m　法向系数表示法向来流时，栅后流动方向的正切，如图 4-9 所示。

当栅前来流垂直于列线，即为法线方向时，有 $v_{1y} = 0$，由特征方程

$$v_{2y,H} = 0 + m v_{x,H}$$

$$m = \frac{v_{2y,H}}{v_{x,H}} = \tan\varphi_H \tag{4-36}$$

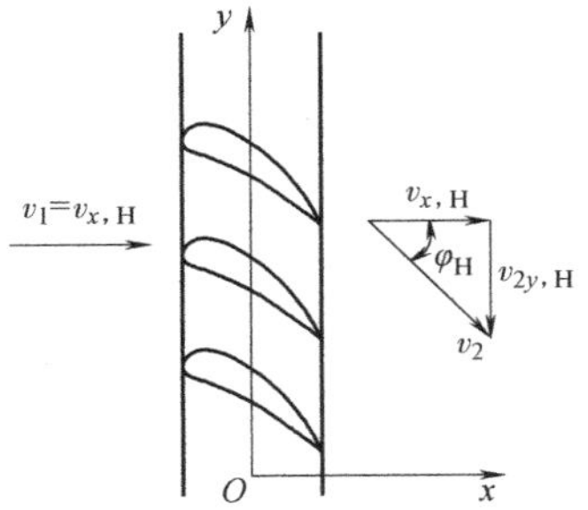

式（4-36）表明当栅前来流为法向方向时，m 表示栅后流动方向的正切。

图 4-9　法向系数 m 证明用图

4.3.2　不动空间叶栅的特征方程

在水力机械中，如水轮机上以锥状布置的导叶、深水泵及多级泵的空间导叶等均属于不动空间叶栅。对于空间叶栅，其解法与求解平面叶栅相同，但表达的参数不同，因为是空间流动，所以参数 v_x、v_{1y}、v_{2y} 不能完全确定流动的状况，因此改用 Q、Γ_1、Γ_2 来表达。

对某一给定的叶栅，作两个互不相似的绕流，并测定 Q'、Γ_1'、Γ_2'，Q''、Γ_1''、Γ_2''。现有另外一个绕同一叶栅的流动（任意），其流量为 Q，栅前环量 Γ_1 为已知，求栅后环量 Γ_2。

由叠加原理可知
$$\begin{cases} Q = aQ' + bQ'' \\ \Gamma_1 = a\Gamma_1' + b\Gamma_1'' \\ \Gamma_2 = a\Gamma_2' + b\Gamma_2'' \end{cases}$$

用求解平面叶栅的相同方法由前两式解出 a、b，代入第三式，并整理得到
$$\Gamma_2 = k\Gamma_1 + (1-k)i_0 Q \tag{4-37}$$

式（4-37）中的 k、i_0 具有和平面直列叶栅完全相同的意义，即
$$k = \frac{\Delta\Gamma_2}{\Delta\Gamma_1}, \quad i_0 = \frac{\Gamma_0}{Q_0}$$

作零向流动时的 Γ_0-Q_0 曲线，则 i_0 表示 Γ_0-Q_0 曲线的斜率，其单位是 m^{-1}。式（4-37）与式（4-31）形式完全相同，说明式（4-31）不仅适用于不动平面直列叶栅、不动空间叶栅，也适用于不动平面环列叶栅，即适用于一切不动叶栅。

4.3.3　移动直列叶栅的特征方程

在水力机械中，以等角速度 ω 旋转的轴流式叶轮（轴流式水轮机、轴流式泵）即是此类

叶栅。可将距叶轮中心（即转轴）为 r 处的圆柱流面展成平面直列叶栅，就是以速度 $u = r\omega$ 沿列线方向等速平移运动的直列叶栅，如图 4-10 所示。在这种流动中，由于叶栅在移动，空间固定点的流动受翼型的周期性干扰，其绝对速度呈周期性变化，是非定常的，但却是有势的，绝对速度不与翼型表面相切，从而流动的边界条件难以确定，所以不能用绝对速度表示。但如果取坐标系以速度 u 随叶栅一起运动，则相对运动是定常的，且因为绝对运动有势，牵连运动为等速平移也是有势的，所以相对运动必然有势。相对运动既是有势的又是定常的，当以相对运动来研究时，其情形与平面不动叶栅一样，只不过是以相对速度代替了绝对速度而已。

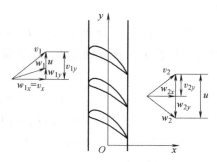

图 4-10 移动直列叶栅栅前、栅后各速度之间的关系

由 $v = w + u$，有

$$\begin{cases} w_{1x} = w_{2x} = v_x \\ w_{1y} = v_{1y} - u \\ w_{2y} = v_{2y} - u \end{cases} \tag{4-38}$$

用相对速度表示特征方程，并考虑式（4-30），有

$$w_{2y} = kw_{1y} + (1-k)i_0 w_x$$

即

$$v_{2y} - u = k(v_{1y} - u) + (1-k)i_0 v_x$$

$$v_{2y} = kv_{1y} + (1-k)i_0 v_x + (1-k)u \tag{4-39}$$

式（4-39）为平面移动直列叶栅的特征方程，也是一般形式，与平面不动叶栅的特征方程相比只多了 $(1-k)u$ 项，其他各项相同。

若在式（4-39）两边乘以 $2\pi r$，并注意 $u = r\omega$，则有

$$\Gamma_2 = k\Gamma_1 + (1-k)i_0 Q + (1-k)2\pi r^2 \omega \tag{4-40}$$

式中，r 为叶栅圆柱流面所处半径（m）；ω 为叶轮转动角速度（rad/s）。

4.3.4 转动环列叶栅的特征方程

环列叶栅是转动的，如混流式水轮机转轮、低比转速离心泵叶轮等均为环列叶栅。因为不动叶栅可视为运动叶栅在牵连运动速度为零时叶栅绕流的特例，而移动直列叶栅可视为转动环列叶栅在旋转半径趋向无穷大时的特例，所以转动环列叶栅的特征方程应是叶栅绕流最普遍的特征方程。

这种叶栅绕流中的绝对运动虽是有势的却是非定常的，相对运动虽是定常的却是有旋的，每一流体质点均存在与叶栅旋转方向相反、角速度大小相等的涡旋，所以无法以相对速度直接用到以前的处理方法及结果。但是，如果研究两个绕同一叶栅的不同绕流，当其旋转角速度相同时，则这两个流动的相对运动之差仍代表叶栅的一种绕流运动，该流动的涡旋运动可互相抵消，所以相对运动之差所代表的流动既是定常的又是有势的，就可直接应用前面不动叶栅的结果。

因为两流动的牵连运动相同，所以其相对运动之差即为绝对运动之差，即

$$v'' - v' = (w'' + u) - (w' + u) = w'' - w' \tag{4-41}$$

设有某一绕 S 流面的流动，测出该流动的 Q_S、Γ_{S1}、Γ_{S2}，今有另一待求流动，已知其 Q、Γ_1，求 Γ_2。

两流动的差值分别为 $\Gamma_{t2} = \Gamma_2 - \Gamma_{S2}$，$Q_t = Q - Q_S$，$\Gamma_{t1} = \Gamma_1 - \Gamma_{S1}$，角标"$t$"表示两流动之差，仍代表一种叶栅绕流。将两流动之差代入式（4-31）得

$$\Gamma_{t2} = k\Gamma_{t1} + (1-k)i_0 Q_t$$

$$\Gamma_2 - \Gamma_{S2} = k(\Gamma_1 - \Gamma_{S1}) + (1-k)i_0(Q - Q_S)$$

$$\Gamma_2 = k\Gamma_1 + (1-k)i_0 Q + \Gamma_{S2} - k\Gamma_{S1} - (1-k)i_0 Q_S \tag{4-42}$$

为书写方便，令 $A = \Gamma_{S2} - k\Gamma_{S1} - (1-k)i_0 Q_S$。当旋转角速度 ω 一定时，$A = $ 常数，即 A 与叶栅几何特性及 ω 有关；当旋转角速度改变时，A 正比于 ω，可表示为 $A = S\omega^n$。则式（4-42）可表示为

$$\Gamma_2 = k\Gamma_1 + (1-k)i_0 Q + S\omega^n \tag{4-43}$$

式（4-43）为转动环列叶栅的特征方程，其中 S 为一个与叶栅几何特性有关的比例常数。

当叶栅的旋转半径为无穷大时，转动环列叶栅变为移动直列叶栅，这时要求 $n = 1$，$S = (1-k)2\pi r^2$。在转动环列叶栅的一般情况下，无法用解析法求得 S，工程上常引用 $S = (1-k)2\pi r_a^2$，式中，r_a 为有效半径，由实际确定。将上述结果代入式（4-43）得

$$\Gamma_2 = k\Gamma_1 + (1-k)i_0 Q + (1-k)2\pi r_a^2 \omega \tag{4-44}$$

其中 $r_1 < r_a < r_2$，式（4-44）为转动环列叶栅特征方程的一般形式。

如为移动直列叶栅，则 $r_1 = r_2 = r$，故 $r_a = r$，可得到式（4-40）；如为不动叶栅，则 $\omega = 0$，此时有 $\Gamma_2 = k\Gamma_1 + (1-k)i_0 Q$，即得到与式（4-37）相同的结果。因而式（4-44）是最一般的特征方程的表达式。

或者由下述方法分析：

$$A = S\omega, \quad \Gamma_2 = k\Gamma_1 + (1-k)i_0 Q + S\omega \tag{4-45}$$

讨论 S 的意义及有关因素：

1）移动叶栅是转动叶栅的特例。比较式（4-45）与式（4-40）

可知

$$S = (1-k)2\pi r^2 \tag{4-46}$$

说明 S 与 k 及 r 有关。

当 $k = 0$ 时

$$S = 2\pi r_2^2$$

对于任何一种叶栅，均有

$$S = (1-k)2\pi r_a^2 \tag{4-47}$$

式中，r_a 为有效半径，移动直列叶栅 $r_a = r$，无限稠密叶栅 $r_a = r_2$，一般 $r_1 \le r_a \le r_2$。故转动环列叶栅特征方程的一般形式为

$$\Gamma_2 = k\Gamma_1 + (1-k)i_0 Q + (1-k)2\pi r_a^2 \omega \tag{4-48}$$

式中，r_a 值由试验确定。

2）当叶栅是无限稠密的时，有 $\dfrac{b}{t} = \infty$、$k = 0$，若 $Q = $ 常数，则栅后速度大小和方向均不受栅前速度的影响，而是完全由叶栅的几何形状决定。

除了以上利用特征方程求解叶栅栅后环量外，还可以利用速度三角形法求解栅后速度环量。

例 图 4-11 所示为叶栅出口处的速度三角形，其中 v_2 为绝对速度，w_2 为相对速度，u_2 为牵连速度，v_{u2} 是绝对速度在圆周方向的投影，v_{m2} 是绝对速度在轴向的投影。

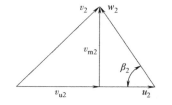

图 4-11 叶栅出口处的速度三角形

解：由速度三角形可知

$$v_{u2} = u_2 - v_{m2}\cot\beta_2 = r_2\omega - v_{m2}\cot\beta_2$$

又

$$v_{m2} = \frac{Q}{2\pi r_2 b_2 \psi_2}$$

式中，r_2 为叶栅出口半径；b_2 为出口宽度；β_2 为叶片出口安放角；ψ_2 为出口过流断面的排挤系数。

所以

$$v_{u2} = r_2\omega - \frac{Q}{2\pi r_2 b_2 \psi_2}\cot\beta_2$$

等式两端同时乘以 $2\pi r_2$ 得

$$\Gamma_2 = 2\pi r_2^2\omega - \frac{Q}{b_2\psi_2}\cot\beta_2 \tag{4-49}$$

即利用速度三角形可直接得到叶栅出口的速度环量。

第 5 章

叶 栅 绕 流

5.1 保角变换法解叶栅绕流

利用保角变换法求解叶栅绕流问题的基本思想与在单翼型绕流问题中应用保角变换法相同，即把给定的叶栅平面变换为某一辅助平面，使辅助平面上的流动是已知的或者易求解的。这样，叶栅平面上的流动便可以通过它们的变换关系求得。对平面叶栅进行保角变换有以下几种途径：

（1）导出平板叶栅变为单位圆的变换式　它不仅可直接求解平板叶栅绕流问题，对于任意翼型叶栅虽然变换为平板叶栅是有困难的，但可应用平板叶栅变换成单位圆的变换式，将任意翼型叶栅变换为近似圆轮廓的图形，然后通过西奥道生方法把此近似圆变换为准确圆，以获得问题的解。

（2）导出任意翼型叶栅变为单翼型的变换式　如利用双曲线正切函数变换式

$$\zeta_1 = \tanh z \tag{5-1}$$

可将 z 平面上的任意翼型叶栅变换为 ζ_1 平面上呈"S"形轮廓的单个似机翼的外形，如图 5-1a、b 所示；然后通过茹科夫斯基变换式

$$\zeta_2 = \zeta_1 + \frac{1}{\zeta_1} \tag{5-2}$$

变换为 ζ_2 平面上一近似圆的外形，如图 5-1c 所示；最后通过西奥道生方法把此近似圆变换为准确圆（图 5-1d），以求得问题的解。

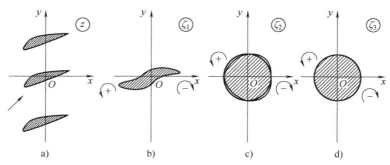

图 5-1　任意翼型叶栅变换为准确圆

（3）导出圆柱叶栅的解　对于任意翼型叶栅，可通过变换为圆柱叶栅来求解。但这种变换比较复杂，应用不是很多。

作为保角变换法解叶栅绕流问题的基础，本节着重讨论平板叶栅相关理论。

5.1.1　无前伸角的平板叶栅

考虑在 ζ 平面上半径为 r_0 的圆筒内，沿 ξ 轴放置两个奇点，一个在 mr_0 点，另一个在 $-mr_0$ 点（$m < 1$），则筒壁干扰相当于沿 ξ 轴再放置两个同样强度的奇点，一个在 r_0/m 点，另一个在 $-r_0/m$ 点，这是我们在流体力学中已经知道的。这样，以上四个奇点的叠加也是一种绕圆柱的流动，如图 5-2 所示。

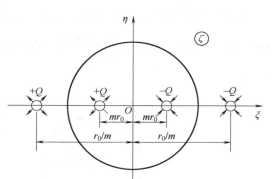

图5-2　点源和点汇产生的圆柱绕流

如果在点 mr_0 和 r_0/m 处放置强度为 Q 的点汇（奇点），在点 $-mr_0$ 和 $-r_0/m$ 处放置强度也为 Q 的点源（奇点）。设 $Q = w_\infty h$，w_∞ 表示某一速度，h 表示某一长度，则这种流动的复势 $W(\zeta)$ 为

$$W(\zeta) = \frac{w_\infty h}{2\pi}\left(\ln\frac{\zeta + \dfrac{r_0}{m}}{\zeta - \dfrac{r_0}{m}} + \ln\frac{\zeta + mr_0}{\zeta - mr_0}\right) \tag{5-3}$$

将式（5-3）附加一常数 $\ln(-1) + ikh(k = 0, \pm 1, \pm 2, \cdots)$，并不影响该复势所代表的流动特性。令

$$W(\zeta) = \frac{w_\infty h}{2\pi}\left(\ln\frac{r_0 + m\zeta}{r_0 - m\zeta} + \ln\frac{\zeta + mr_0}{\zeta - mr_0}\right) + ikh \tag{5-4}$$

如果取圆外部的变换函数为

$$z = \frac{h}{2\pi}\left(\ln\frac{r_0 + m\zeta}{r_0 - m\zeta} + \ln\frac{\zeta + mr_0}{\zeta - mr_0}\right) + ikh \tag{5-5}$$

则 z 平面上的流动为速度 w_∞ 的均匀流，即

$$W(z) = w_\infty z \tag{5-6}$$

将 ζ 平面上半径为 r_0 的圆形变换到 z 平面上，把 $\zeta = r_0 e^{i\theta}$ 代入式（5-5），得

$$z = \frac{h}{2\pi}\ln\frac{1 + 2m\cos\theta + m^2}{1 - 2m\cos\theta + m^2} + ikh$$

所以

$$\left.\begin{array}{l} x = \dfrac{h}{2\pi}\ln\dfrac{1 + 2m\cos\theta + m^2}{1 - 2m\cos\theta + m^2} \\[2mm] y = kh \end{array}\right\} \tag{5-7}$$

当 $\theta = 0$ 时，$x_1 = \dfrac{h}{\pi}\ln\dfrac{1 + m}{1 - m}$；

当 $\theta = \pi/2$ 时，$x_2 = 0$；

当 $\theta = \pi$ 时，$x_3 = \dfrac{h}{\pi} \ln \dfrac{1-m}{1+m} = -\dfrac{h}{\pi} \ln \dfrac{1+m}{1-m}$；

当 $\theta = \dfrac{3}{2}\pi$ 时，$x_4 = 0$。

故 ζ 平面圆周上的各点对应于 z 平面上的无限多并列线段，这些线段平行于实轴 x，且对称于 y 轴，其长度为 $b = \dfrac{2h}{\pi} \ln \dfrac{1+m}{1-m}$，间距为 h，即为无前伸角的叶栅，如图 5-3 所示。

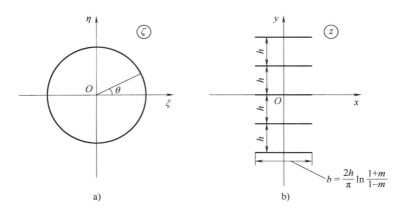

图 5-3　无前伸角的叶栅

5.1.2　排列在实轴上的平板叶栅

上述绕圆柱绕流是由点源和点汇分布产生的，类似地，考虑由点涡分布产生的绕圆柱流动。如果在点 mr_0 和 $-r_0/m$ 处各放置强度 $\Gamma = w_\infty d$ 的涡旋，而在点 $-mr_0$ 和 r_0/m 处各放置强度为 $\Gamma = -w_\infty d$ 的旋涡，如图 5-4 所示，则相应的复势函数 $W(\zeta)$ 为

$$W(\zeta) = -\mathrm{i}\,\frac{w_\infty h}{2\pi} - \left(\ln \frac{r_0 + m\zeta}{r_0 - m\zeta} - \ln \frac{\zeta + mr_0}{\zeta - mr_0} \right) + kd \tag{5-8}$$

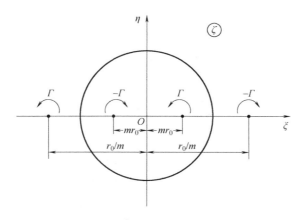

图 5-4　点涡产生的圆柱绕流

为得出 z 平面上 $W(z) = w_\infty z$ 的均匀流，取以下变换函数

$$z = -\mathrm{i}\frac{d}{2\pi}\left(\ln\frac{r_0 + m\zeta}{r_0 - m\zeta} + \ln\frac{\zeta + mr_0}{\zeta - mr_0}\right) + kd \tag{5-9}$$

考虑圆周上（$\zeta = r_0 \mathrm{e}^{\mathrm{i}\theta}$）各点的转绘对应点

$$z = x + \mathrm{i}y = \mathrm{i}\frac{d}{2\pi}\ln\frac{1 + \dfrac{2\mathrm{i}m\sin\theta}{1 - m^2}}{1 - \dfrac{2\mathrm{i}m\sin\theta}{1 - m^2}} + kd \tag{5-10}$$

设 $X = \dfrac{2\mathrm{i}m\sin\theta}{1 - m^2}$，当 $-1 \leqslant \dfrac{2m\sin\theta}{1 - m^2} \leqslant 1$ 时，有

$$\ln\frac{1 + X}{1 - X} = 2\left(X + \frac{X^3}{3} + \frac{X^5}{5} + \frac{X^7}{7} + \cdots\right) = 2\left[\frac{2\mathrm{i}m\sin\theta}{1 - m^2} + \frac{1}{3}\left(\frac{2\mathrm{i}m\sin\theta}{1 - m^2}\right)^3 + \cdots\right] = 2\mathrm{i}\arctan\frac{2m\sin\theta}{1 - m^2}$$

代入式（5-10）得

$$\left.\begin{array}{l} x = -\dfrac{d}{\pi}\arctan\dfrac{2m\sin\theta}{1 - m^2} + kd \\[2mm] y = 0 \end{array}\right\} \tag{5-11}$$

故 ζ 平面上的圆转绘为位于实轴 x 上的一排线段，这些线段的长度（弦长）b 为

$$b = \frac{2d}{\pi}\arctan\frac{2m}{1 - m^2}$$

栅距等于 d，如图 5-5 所示。

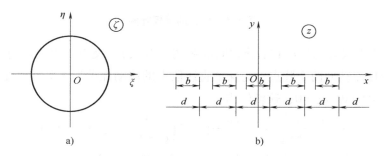

图 5-5　排列在实轴上的平板叶栅

5.1.3　倾斜的平板叶栅

如果把上面所研究的两种流动叠加在一起，在 ζ 平面上仍为一种绕圆柱流动，由式（5-4）和式（5-8）可知，其复势为

$$W(\zeta) = \frac{w_\infty}{2\pi}\left[(h - \mathrm{i}d)\ln\frac{r_0 + m\zeta}{r_0 - m\zeta} + (h + \mathrm{i}d)\ln\frac{\zeta + mr_0}{\zeta - mr_0}\right] + k(d + \mathrm{i}h) \tag{5-12}$$

设 $d = t\sin\beta$，$h = t\cos\beta$，则

$$W(\zeta) = \frac{w_\infty t}{2\pi}\left(\mathrm{e}^{-\mathrm{i}\beta}\ln\frac{r_0 + m\zeta}{r_0 - m\zeta} + \mathrm{e}^{\mathrm{i}\beta}\ln\frac{\zeta + mr_0}{\zeta - mr_0}\right) + kt\mathrm{e}^{\mathrm{i}\beta} \tag{5-13}$$

令变换函数 z 为

$$z = \frac{t}{2\pi}\left(e^{-i\beta}\ln\frac{r_0 + m\zeta}{r_0 - m\zeta} + e^{i\beta}\ln\frac{\zeta + mr_0}{\zeta - mr_0} \right) + kte^{i\beta} \tag{5-14}$$

则 z 平面上的流动也是速度为 w_∞ 的均匀流，$W(z) = w_\infty z$。把变换函数的实部和虚部分开，利用式（5-7）和式（5-11）所得的结果，有

$$\begin{cases} \dfrac{x}{t} = \dfrac{\cos\beta}{2\pi}\ln\dfrac{1 + 2m\cos\theta + m^2}{1 - 2m\cos\theta + m^2} - \dfrac{\sin\beta}{2\pi}\arctan\dfrac{2m\sin\theta}{1 - m^2} + k\sin\beta \\ \dfrac{y}{t} = k\cos\beta \quad (k = 0, \pm1, \pm2, \cdots) \end{cases} \tag{5-15}$$

故在 z 平面上为平行于 x 轴的无穷多条直线段，这些线段的轴线与 y 轴的夹角为 β，如图 5-6 所示。当 k 的变化为 1 时，y 的变化为 $t\cos\beta$，相应的横坐标也将有增量 $t\sin\beta$。

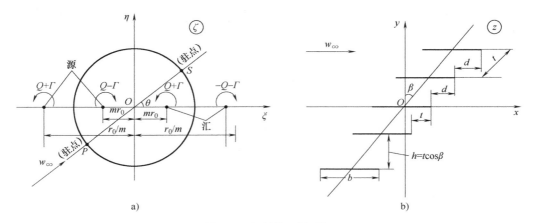

图 5-6　倾斜的平板叶栅

考虑在 z 平面上线段的前缘和后缘之间的距离（弦长），又由于直线段前后缘在 ζ 平面上的对应点为绕圆柱流动的两个驻点，为保证直线段上的流动在前后缘处有一定的有限值速度，应该使这两个点处的 $\mathrm{d}z/\mathrm{d}\zeta = 0$，这就给出

$$e^{-i\beta}\left(\frac{m}{r_0 + m\zeta_p} - \frac{-m}{r_0 - m\zeta_p} \right) + e^{i\beta}\left(\frac{1}{\zeta_p + mr_0} - \frac{1}{\zeta_p - mr_0} \right) = 0$$

式中，ζ_p 为圆周上 $\mathrm{d}z/\mathrm{d}\zeta = 0$ 的点。令 $\zeta_p = r_0 e^{i\beta}$，解这个方程，应用 $i\tan\theta = \tanh(i\theta) = (1 - e^{2i\theta})/(1 + e^{2i\theta})$，可得

$$\tan\beta = \frac{1 + m^2}{1 - m^2} - \tan\theta \tag{5-16}$$

因此，可求出圆周上两个驻点 S 和 P 的角度 θ_k 与 $\theta_k + \pi$，即

$$\theta_k = \arctan\left(\frac{1 + m^2}{1 - m^2} - \tan\beta \right) \tag{5-17}$$

代入式（5-15）并整理后，可求得确定平板叶栅弦长的关系式

$$\frac{b}{t} = \frac{2}{\pi}\left[\cos\beta\ln\frac{\sqrt{(1 - m^2)^2 + 4m^2\cos^2\beta} + 2m\cos\beta}{1 - m^2} - \sin\beta\arctan\frac{2m\sin\beta}{\sqrt{(1 - m^2)^2 + 4m^2\cos^2\beta}} \right] \tag{5-18}$$

式中，参数 m、叶栅轴线角 β 及叶栅稠密度 b/t 的关系见表 5-1。

表 5-1   不同 β、b/t 所对应的 m

b/t	$\beta/(°)$									
	0	10	20	30	40	50	60	70	80	90
0	1.0000	1.0000	1.0000	1.0000	1.0000	1.0000	1.0000	1.0000	1.0000	1.0000
0.2	0.9992	0.9993	0.9995	0.9997	0.9999	0.9999	0.9999	0.9999	0.9999	—
0.4	0.9613	0.9630	0.9678	0.9762	0.9838	0.9920	0.9976	0.9999	0.9999	—
0.6	0.8610	0.8671	0.8766	0.8922	0.9137	0.9400	0.9679	0.9907	0.9999	—
0.8	0.7538	0.7571	0.7672	0.7844	0.8096	0.8436	0.8872	0.9393	0.9884	—
1.0	0.6558	0.6586	0.6673	0.6823	0.7043	0.7347	0.7754	0.8293	0.9015	1.0000
1.2	0.5747	0.5769	0.5839	0.5957	0.6129	0.6362	0.6651	0.7031	0.7438	0.7673
1.4	0.5087	0.5141	0.5158	0.5249	0.5378	0.5547	0.5753	0.5982	0.6191	0.6283
1.6	0.4549	0.4563	0.4604	0.4674	0.4770	0.4891	0.5033	0.5179	0.5298	0.5346
1.8	0.4106	0.4117	0.4149	0.4202	0.4275	0.4364	0.4463	0.4560	0.4635	0.4663
2.0	0.3737	0.3745	0.3771	0.3812	0.3867	0.3934	0.4006	0.4073	0.4123	0.4142
2.2	0.3426	0.3432	0.3452	0.3485	0.3528	0.3579	0.3632	0.3681	0.3717	0.3730
2.4	0.3161	0.3164	0.3182	0.3208	0.3242	0.3282	0.3322	0.3359	0.3385	0.3394
∞	0	0	0	0	0	0	0	0	0	0

为了得到 z 平面上有冲角 α 时平板叶栅的无环量绕流，只要对 ζ 平面上以冲角 α 绕圆柱流动进行转绘即可，将式（5-13）改为

$$W(\zeta)=\frac{w_\infty t}{2\pi}\left[\mathrm{e}^{-\mathrm{i}(\alpha+\beta)}\ln\frac{r_0+m\zeta}{r_0-m\zeta}+\mathrm{e}^{\mathrm{i}(\alpha+\beta)}\ln\frac{\zeta+mr_0}{\zeta-mr_0}\right]+kt\mathrm{e}^{\mathrm{i}(\alpha+\beta)} \tag{5-19}$$

仍应用变换式（5-14），则由圆柱转绘成平板叶栅的几何形状不变，但在 z 平面上流动变为 $W(z)=w_\infty\mathrm{e}^{-\mathrm{i}\alpha}z$，即平板叶栅远前方和远后方流动方向与实轴成 α 角，如图 5-7 所示。

为了得到在给定冲角 α 和有环量 Γ 的绕平板叶栅流动，可考虑在 ζ 平面上的圆内 $\pm mr_0$ 点处各再放置一个点涡，其环量各为 $-\Gamma/2$，为保持流线仍为圆周，应在 $\pm r_0/m$ 点相应地再放置环量为 $\Gamma/2$ 的点涡。这样，便有一般情况下 ζ 平面上圆柱绕流的复势函数

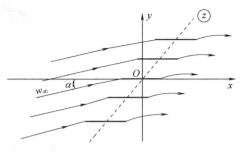

图 5-7   圆柱转绘成平板叶栅

$$W(\zeta)=\frac{w_\infty t}{2\pi}\left[\mathrm{e}^{-\mathrm{i}(\alpha+\beta)}\ln\frac{r_0+m\zeta}{r_0-m\zeta}+\mathrm{e}^{\mathrm{i}(\alpha+\beta)}\ln\frac{\zeta+mr_0}{\zeta-mr_0}\right]+$$

$$\mathrm{i}\frac{\Gamma}{4\pi}\ln\frac{\zeta^2-m^2r_0^2}{\zeta^2-r_0^2/m^2}+kt\mathrm{e}^{\mathrm{i}(\alpha+\beta)} \tag{5-20}$$

仍应用变换式（5-14），则圆柱转绘成平板叶栅的几何形状不变，如图5-6所示，由于保角变换时奇点特性（流量、环量）并不改变，于是通过式（5-19）和式（5-20）便可求得绕每个翼型有环量 Γ 的平板叶栅流动。$\pm r_0/m$ 点处（圆外）的点涡 $\Gamma/2$ 通过转绘在 z 平面上已延伸到无穷远处。

环量 Γ 的大小，应根据库塔-茹科夫斯基关于液流在翼型后缘汇合的条件确定。平板叶栅后缘点对应于转绘圆上的分流点（驻点），故为使叶栅后缘点上速度为有限值，应同时使该点处的 $\mathrm{d}\zeta/\mathrm{d}z$ 和 $\mathrm{d}W/\mathrm{d}\zeta$ 等于零。通过运算，可解出确定环量 Γ 的计算式为

$$\Gamma = \frac{4mtw_\infty}{\sqrt{(1-m^2)^2 + 4m^2\cos^2\beta}}\sin\alpha \tag{5-21}$$

对于孤立平板绕流的速度环量 Γ_s，已知

$$\Gamma_\mathrm{s} = \pi b w_\infty \sin\alpha \tag{5-22}$$

定义叶栅对升力的影响系数 k 为

$$k = \frac{\Gamma}{\Gamma_\mathrm{s}} = \frac{\left(\dfrac{\mathrm{d}C_1}{\mathrm{d}\alpha}\right)_{\text{叶栅}}}{\left(\dfrac{\mathrm{d}C_1}{\mathrm{d}\alpha}\right)_{\text{单翼}}} = \frac{4mt}{\pi b\ \sqrt{(1-m^2)^2 + 4m^2\cos^2\beta}} \tag{5-23}$$

图5-8所示为 k 与 b/t、β 之间的关系曲线，精确的数值可根据表5-1计算。

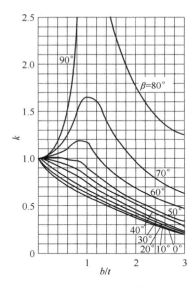

图5-8　k 与 b/t、β 之间的关系曲线

5.1.4　环列叶栅

各种离心式风机、径流式汽轮机，在垂直于转轴平面内的流动均为环列叶栅绕流问题，如图5-9所示。其叶片外形近似为对数螺旋线，绕轴心对称放置，相邻两叶片的夹角为 $2\pi/n$，n 为叶片数。

可通过变换函数，将对数螺旋线环列叶栅变换为平板叶栅。考虑在 ζ 平面上坐标原点处的旋源，其复势函数为

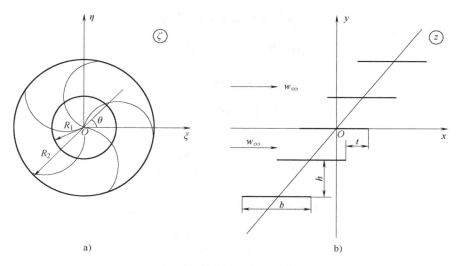

图 5-9 对数螺旋线环列叶栅

$$W(\zeta) = \frac{Q - i\Gamma}{2\pi}\ln\zeta = \frac{Q - i\Gamma}{2\pi}\ln(\ln r + i\theta) \tag{5-24}$$

式中，Q 为点源强度；Γ 为点涡环量；$\zeta = re^{i\theta}$。这种流动的流线即为对数螺旋线 $r = Ce^{\frac{Q}{\Gamma}\theta}$。

如令

$$z = A\ln\zeta + B \tag{5-25}$$

式中，A、B 为待定常数，这是一个周期为 $2\pi k(k = 0, \pm 1, \pm 2, \cdots)$ 的周期函数。每一条对数螺旋线通过此变换函数变换后，可变为平行于 x 轴的无穷多条直线，则环列叶栅问题便可转化为平板叶栅问题求解。

为了建立这两种叶栅各参数间的对应关系，令

$$A = A_1 + iA_2, \quad B = B_1 + iB_2 \tag{5-26}$$

代入式（5-25）并分离实部和虚部，得

$$x = B_1 - A_2\theta + A_1\ln r, \quad y = B_2 + A_1\theta + A_2\ln r \tag{5-27}$$

取图 5-9a 所示环列叶栅的一个叶片，其两端分别为

$$\begin{aligned} \theta = \lambda, \quad r = R_1 \\ \theta = 0, \quad r = R_2 \end{aligned} \tag{5-28}$$

将它转绘到实轴上，其线段长度为 b（待定），并取其中心为坐标原点。对于 $y = 0$ 的平板，有

$$B_2 + A_1\theta + A_2\ln r = 0 \tag{5-29}$$

对于 $y = h$（给定栅距）的第二个平板，有

$$B_2 + A_1\left(\theta + \frac{2\pi}{n}\right) + A_2\ln r = h \tag{5-30}$$

由式（5-29）和式（5-30）可解出

$$A_1 = \frac{nh}{2\pi} \tag{5-31}$$

根据给定条件，还有

$$\begin{cases} -\dfrac{b}{2} = B_1 + A_2\lambda + A_1\ln R_1 \\ 0 = B_2 + A_1\lambda + A_2\ln R_1 \\ \dfrac{b}{2} = B_1 + A_1\ln R_2 \\ 0 = B_2 + A_2\ln R_2 \end{cases} \tag{5-32}$$

由此解出

$$A_2 = \frac{A_1\lambda}{\ln(R_2/R_1)} = \frac{n\lambda h}{2\pi\ln(R_2/R_1)}$$

$$B_1 = \frac{nh}{4\pi\ln(R_2/R_1)}\Big[\lambda^2 - \ln(R_1 R_2)\ln\frac{R_2}{R_1}\Big]$$

$$B_2 = \frac{n\lambda h}{2\pi\ln(R_2/R_1)}\ln R_2$$

故

$$A = A_1 + iA_2 = \frac{nh}{2\pi\ln(R_2/R_1)}\Big(\ln\frac{R_2}{R_1} + i\lambda\Big) \tag{5-33}$$

$$B = B_1 + iB_2 = -\frac{nh}{4\pi\ln(R_2/R_1)}\big[i\lambda + \ln(R_1 R_2)\big]\Big(i\lambda + \ln\frac{R_2}{R_1}\Big) \tag{5-34}$$

若将式（5-25）写为

$$\ln\zeta = kz - \frac{B}{A} \tag{5-35}$$

其中

$$k = \frac{1}{A} = \frac{2\pi}{nh}\frac{\ln\dfrac{R_2}{R_1} - i\lambda}{\ln\dfrac{R_2}{R_1} + \dfrac{\lambda^2}{\ln(R_2/R_1)}} \qquad -\frac{B}{A} = \ln\sqrt{R_1 R_2} + \frac{i\lambda}{2}$$

所以

$$\zeta = \sqrt{R_1 R_2}\,e^{kz + \frac{i\lambda}{2}} \tag{5-36}$$

这就是平板叶栅与环列叶栅的变换关系式。由式（5-32）还可得

$$b = A_1\ln\frac{R_2}{R_1} + A_2\lambda = \frac{nh}{2\pi}\Big[\ln\frac{R_2}{R_1} + \frac{\lambda^2}{\ln(R_2/R_1)}\Big] \tag{5-37}$$

根据式（5-27）可求得相邻两平板之间的平移距离 d 为

$$d = -A_2\frac{2\pi}{n} = -\frac{\lambda h}{\ln\dfrac{R_2}{R_1}} \tag{5-38}$$

根据式（5-24）以及转绘到 z 平面上的流动复势

$$W(z) = w_\infty z \tag{5-39}$$

便有

$$\frac{\mathrm{d}W}{\mathrm{d}z} = w_\infty = \frac{\mathrm{d}W}{\mathrm{d}\zeta}\frac{\mathrm{d}\zeta}{\mathrm{d}z} = \frac{Q - i\Gamma}{2\pi\zeta}\frac{\zeta}{A} = \frac{Q - i\Gamma}{nh}\frac{\ln\dfrac{R_2}{R_1} - i\lambda}{\ln\dfrac{R_2}{R_1} + \dfrac{\lambda^2}{\ln(R_2/R_1)}} \tag{5-40}$$

5.2 奇点分布法解叶栅绕流

在薄翼理论中，曾经讨论过用沿骨线连续分布的涡旋（奇点）来代替翼型，这样一个薄翼型就是一个涡层，而由许多翼型组成的叶栅就是一个涡层系。所以解叶栅绕流的奇点分布法是薄翼理论中奇点分布法的推广，即用沿翼型连续分布的点涡对流场的作用来代替翼型对流场的作用。奇点的诱导速度与无穷远来流的合成速度场与原来的实际流场完全相同。该方法可解叶栅绕流的正、反问题。

5.2.1 涡列的概念

以等距离排列于同一平面上的无穷多微小直线涡束叫涡列。

设涡列所在平面垂直于 ω 平面，横轴与纵轴分别为 u、z 轴，因涡束是无限长的直线涡，所以在 ω 平面上所引起的流动为平面流动。这样在流动平面 ω 上涡束就成为涡点，其间距为 t。

用复数的方法求涡列对流动平面上任一点 ω 的诱导速度的步骤如下。

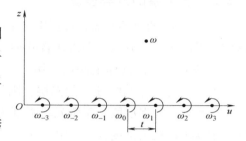

图 5-10 沿 u 轴以等距离 t 排列的涡列

如图 5-10 所示，排列在 u 轴上的各涡点为

$$\cdots,\omega_{-4},\omega_{-3},\omega_{-2},\omega_{-1},\omega_0,\omega_1,\omega_2,\omega_3,\omega_4,\cdots$$

$$\omega_{-k} = \omega_0 - kt, \quad \omega_k = \omega_0 + kt(k = 1,2,3,\cdots) \tag{5-41}$$

由叠加原理，涡列在流动平面内任一点 ω 处引起的复势为

$$W(\omega) = \frac{\Gamma}{2\pi\mathrm{i}}\left\{\ln(\omega - \omega_0) + \sum_{k=1}^{\infty}\left[\ln(\omega - \omega_k) + \ln(\omega - \omega_{-k})\right]\right\} \tag{5-42}$$

因为流函数与势函数可以任意加减一个常数，只改变零流线和零等势线的位置而不改变流场，故复势可以加一个常数，并考虑式（5-41）即得

$$
\begin{aligned}
W(\omega) &= \frac{\Gamma}{2\pi\mathrm{i}}\left\{\ln\frac{(\omega - \omega_0)\pi}{t} + \sum_{k=1}^{\infty}\left[\ln\frac{(\omega - \omega_{-k})}{-kt} + \ln\frac{(\omega - \omega_k)}{kt}\right]\right\} \\
&= \frac{\Gamma}{2\pi\mathrm{i}}\ln\left[\frac{(\omega - \omega_0)\pi}{t}\prod_{k=1}^{\infty}\frac{(\omega - \omega_k)(\omega_{-k} - \omega)}{(kt)^2}\right] \\
&= \frac{\Gamma}{2\pi\mathrm{i}}\ln\left[\frac{(\omega - \omega_0)\pi}{t}\prod_{k=1}^{\infty}\frac{(\omega - \omega_0 - kt)(\omega_0 - kt - \omega)}{(kt)^2}\right] \\
&= \frac{\Gamma}{2\pi\mathrm{i}}\ln\left\{\frac{(\omega - \omega_0)\pi}{t}\prod_{k=1}^{\infty}\frac{\left[kt - (\omega - \omega_0)\right]\left[kt + (\omega - \omega_0)\right]}{(kt)^2}\right\} \\
&= \frac{\Gamma}{2\pi\mathrm{i}}\ln\left\{\frac{(\omega - \omega_0)\pi}{t}\prod_{k=1}^{\infty}\left[1 - \frac{(\omega - \omega_0)^2}{(kt)^2}\right]\right\}
\end{aligned}
\tag{5-43}
$$

式中，∏ 是连乘积符号。

因为
$$\sin(\pi x) = \pi x \prod_{k=1}^{\infty}\left(1 - \frac{x^2}{k^2}\right) \tag{5-44}$$

式（5-43）与式（5-44）相比有：$x = \dfrac{\omega - \omega_0}{t}$，代入式（5-43）得

$$W(\omega) = \frac{\Gamma}{2\pi i}\ln\sin\frac{\pi(\omega - \omega_0)}{t} \tag{5-45}$$

复速度（即涡列对 ω 点的诱导复速度）为

$$\overline{V} = \frac{\mathrm{d}W(\omega)}{\mathrm{d}\omega} = \frac{\Gamma}{2\pi i}\frac{\cos\dfrac{(\omega - \omega_0)\pi}{t}}{\sin\dfrac{(\omega - \omega_0)\pi}{t}}\frac{\pi}{t} = \frac{\Gamma}{2ti}\cot\frac{(\omega - \omega_0)\pi}{t} \tag{5-46}$$

5.2.2 涡层系的诱导速度

如图 5-11 所示的叶栅，设栅中每个叶型为无限薄，沿叶型弧长为 s，其环量密度为 $\gamma(s)$，这样就可以用连续分布的涡来代替叶型，即为一个涡层，而整个叶栅便组成了涡层系。选一叶型为基本叶型，也称主涡层，用 "o" 标记。现用平行于列线的直线分割叶栅中的涡层，则每相邻两直线切割出一系列微元涡层段，每微元段强度为 $\gamma(s)\mathrm{d}s$，这样在栅中就可以视为强度为 $\gamma(s)\mathrm{d}s$、间隔为 t 的无穷涡列。

取基本叶型（主涡层）上的中点为沿翼型弧线曲线坐标原点 ω_0，而整个叶栅平面上任一点为 $\omega(u,z)$，因此，以基本叶型上点 $\omega_0(u_0,z_0)$ 为标记的涡列对点 $\omega(u,z)$ 的诱导速度为

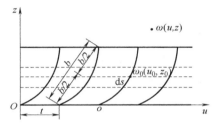

图 5-11 叶栅构成涡层系

$$\mathrm{d}V = \frac{\gamma(s)\mathrm{d}s}{2ti}\cot\frac{\pi}{t}(\omega - \omega_0)$$

$$\mathrm{d}V = \frac{\gamma(s)\mathrm{d}s}{2ti}\cot\frac{\pi}{t}\left[(u - u_0) + i(z - z_0)\right] \tag{5-47}$$

复速度为

$$\mathrm{d}V = \mathrm{d}V_u - i\mathrm{d}V_z \tag{5-48}$$

为方便运算，将式（5-47）展开，设 $a = \dfrac{\pi}{t}(u - u_0)$，$b = \dfrac{\pi}{t}(z - z_0)$，则

$$\cot\frac{\pi}{t}\left[(u - u_0) + i(z - z_0)\right] = \cot(a + ib) = \frac{\cos(a + ib)}{\sin(a + ib)}$$

$$= \frac{\cos a\cos(ib) - \sin a\sin(ib)}{\sin a\cos(ib) + \cos a\sin(ib)} \tag{5-49}$$

引入双曲线函数 $\mathrm{ch}^2 b - \mathrm{sh}^2 b = 1$，且有 $\cos ib = \mathrm{ch}b$、$\sin ib = i\mathrm{sh}b$，将其代入式（5-49）

$$\frac{\cos a\cos(ib) - \sin a\sin(ib)}{\sin a\cos(ib) + \cos a\sin(ib)} = \frac{\cos a\mathrm{ch}b - \sin a i\mathrm{sh}b}{\sin a\mathrm{ch}b + \cos a i\mathrm{sh}b}$$

乘以分母的共轭化简得

$$\frac{\cos a\cos(ib) - \sin a\sin(ib)}{\sin a\cos(ib) + \cos a\sin(ib)} = \frac{\cos a\sin a - i\mathrm{sh}b\mathrm{ch}b}{\mathrm{ch}^2 b - \cos^2 a} \tag{5-50}$$

又 $\cos^2 a = \dfrac{1}{2}(1+\cos 2a)$，$\mathrm{ch}^2 b = \dfrac{1}{2}(1+\mathrm{ch}2b)$，将其代入式（5-50）得

$$\cot(a+ib) = \frac{2(\cos a \sin a - i\,\mathrm{sh}b\,\mathrm{ch}b)}{\mathrm{ch}2b - \cos 2a} = \frac{\sin 2a - i\,\mathrm{sh}2b}{\mathrm{ch}2b - \cos 2a} \tag{5-51}$$

代入式（5-47）得

$$\mathrm{d}V = \frac{\gamma(s)\,\mathrm{d}s}{2ti}\left(\frac{\sin 2a - i\,\mathrm{sh}2b}{\mathrm{ch}2b - \cos 2a}\right) \tag{5-52}$$

将式（5-52）与式（5-48）相比较得

$$\begin{cases} \mathrm{d}V_u = -\dfrac{\gamma(s)\,\mathrm{d}s}{2t}\dfrac{\mathrm{sh}2b}{\mathrm{ch}2b - \cos 2a} \\[3mm] \mathrm{d}V_z = \dfrac{\gamma(s)\,\mathrm{d}s}{2t}\dfrac{\sin 2a}{\mathrm{ch}2b - \cos 2a} \end{cases} \tag{5-53}$$

将 a、b 的表达式代入式（5-53）得

$$\begin{cases} \mathrm{d}V_u = -\dfrac{\gamma(s)\,\mathrm{d}s}{2t}\dfrac{\mathrm{sh}\left[\dfrac{2\pi}{t}(z-z_0)\right]}{\mathrm{ch}\left[\dfrac{2\pi}{t}(z-z_0)\right] - \cos\left[\dfrac{2\pi}{t}(u-u_0)\right]} \\[6mm] \mathrm{d}V_z = \dfrac{\gamma(s)\,\mathrm{d}s}{2t}\dfrac{\sin\left[\dfrac{2\pi}{t}(u-u_0)\right]}{\mathrm{ch}\left[\dfrac{2\pi}{t}(z-z_0)\right] - \cos\left[\dfrac{2\pi}{t}(u-u_0)\right]} \end{cases} \tag{5-54}$$

整个涡层系对点 $\omega(u,z)$ 的诱导速度为将式（5-54）沿翼型积分，即

$$\begin{cases} V_u = -\dfrac{1}{2t}\displaystyle\int_{-\frac{b}{2}}^{\frac{b}{2}} \dfrac{\mathrm{sh}\left[\dfrac{2\pi}{t}(z-z_0)\right]}{\mathrm{ch}\left[\dfrac{2\pi}{t}(z-z_0)\right] - \cos\left[\dfrac{2\pi}{t}(u-u_0)\right]}\gamma(s)\,\mathrm{d}s \\[6mm] V_z = \dfrac{1}{2t}\displaystyle\int_{-\frac{b}{2}}^{\frac{b}{2}} \dfrac{\sin\left[\dfrac{2\pi}{t}(u-u_0)\right]}{\mathrm{ch}\left[\dfrac{2\pi}{t}(z-z_0)\right] - \cos\left[\dfrac{2\pi}{t}(u-u_0)\right]}\gamma(s)\,\mathrm{d}s \end{cases} \tag{5-55}$$

现令 $\zeta = z - z_0$、$\xi = u - u_0$，则式（5-55）整理为

$$\begin{cases} V_u = -\dfrac{1}{2t}\displaystyle\int_{-\frac{b}{2}}^{\frac{b}{2}} \dfrac{\mathrm{sh}\left(\dfrac{2\pi}{t}\zeta\right)}{\mathrm{ch}\left(\dfrac{2\pi}{t}\zeta\right) - \cos\left(\dfrac{2\pi}{t}\xi\right)}\gamma(s)\,\mathrm{d}s \\[6mm] V_z = \dfrac{1}{2t}\displaystyle\int_{-\frac{b}{2}}^{\frac{b}{2}} \dfrac{\sin\left(\dfrac{2\pi}{t}\xi\right)}{\mathrm{ch}\left(\dfrac{2\pi}{t}\zeta\right) - \cos\left(\dfrac{2\pi}{t}\xi\right)}\gamma(s)\,\mathrm{d}s \end{cases} \tag{5-56}$$

5.2.3 列索夫-西蒙诺夫法

由式（5-56）可以看出，计算翼型弧上的速度分布时，其曲线积分动点是翼型中弧线的曲线坐标，被积分函数中的 u、z 是随 s 而变化的，积分时会遇到 $s=s_0$，即 $u=u_0$，$z=z_0$ 的情

况，这时被积函数出现不定式 $\dfrac{0}{0}$，使积分不能进行，但最终要求解沿涡层（叶型）上各点的速度分布。为消除这一困难，把速度分解成以下两项：主涡层（基本涡层）自身对其上某点的诱导速度以 V_{1u}、V_{1z} 表示；除了主涡层以外，其他各涡层对基本叶型上该点的诱导速度以 V_{2u}、V_{2z} 表示。则

$$V_u = V_{1u} + V_{2u}, \qquad V_z = V_{1z} + V_{2z}$$

现分别求解：

1）主涡层自身对点 S_0 的诱导速度如图 5-12 所示，微元 $\mathrm{d}s$ 对点 S_0 的诱导速度为

$$\mathrm{d}V_1 = \frac{\gamma(s)\,\mathrm{d}s}{2\pi\ \sqrt{\zeta^2 + \xi^2}}$$

$$\begin{cases} \mathrm{d}V_{1u} = \mathrm{d}V_1 \cos\beta = \dfrac{\gamma(s)\,\mathrm{d}s}{2\pi\ \sqrt{\zeta^2 + \xi^2}}\ \dfrac{\zeta}{\sqrt{\zeta^2 + \xi^2}} = \dfrac{\gamma(s)\,\zeta\,\mathrm{d}s}{2\pi(\zeta^2 + \xi^2)} \\[2mm] \mathrm{d}V_{1z} = -\mathrm{d}V_1 \sin\beta = -\dfrac{\gamma(s)\,\xi\,\mathrm{d}s}{2\pi(\zeta^2 + \xi^2)} \end{cases} \qquad (5\text{-}57)$$

整个涡层对点 S_0 的诱导速度为

$$\begin{cases} V_{1u} = \dfrac{1}{2\pi}\displaystyle\int_{-\frac{b}{2}}^{\frac{b}{2}} \dfrac{\zeta\gamma(s)\,\mathrm{d}s}{\zeta^2 + \xi^2} \\[4mm] V_{1z} = -\dfrac{1}{2\pi}\displaystyle\int_{-\frac{b}{2}}^{\frac{b}{2}} \dfrac{\xi\gamma(s)\,\mathrm{d}s}{\zeta^2 + \xi^2} \end{cases} \qquad (5\text{-}58)$$

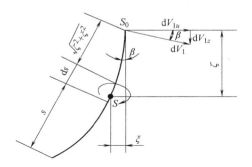

图 5-12　主涡层自身对点 S_0 的诱导速度

2）其他涡层对主涡层上点 S_0 的诱导速度。结合式（5-56）与式（5-58），有

$$V_{2u} = V_u - V_{1u} = -\frac{1}{t}\int_{-\frac{b}{2}}^{\frac{b}{2}}\left[\frac{\mathrm{sh}\dfrac{2\pi\zeta}{t}}{2\left(\mathrm{ch}\dfrac{2\pi\zeta}{t} - \cos\dfrac{2\pi\xi}{t}\right)} + \frac{t}{2\pi}\frac{\zeta}{\zeta^2 + \xi^2}\right]\gamma(s)\,\mathrm{d}s$$

$$V_{2z} = V_z - V_{1z} = -\frac{1}{t}\int_{-\frac{b}{2}}^{\frac{b}{2}}\left[-\frac{\sin\dfrac{2\pi\xi}{t}}{2\left(\mathrm{ch}\dfrac{2\pi\xi}{t} - \cos\dfrac{2\pi\xi}{t}\right)} + \frac{t}{2\pi}\frac{\xi}{\zeta^2 + \xi^2}\right]\gamma(s)\,\mathrm{d}s$$

令

$$a(S_0,S) = -\frac{1}{2}\frac{\operatorname{sh}\dfrac{2\pi\zeta}{t}}{\operatorname{ch}\dfrac{2\pi\zeta}{t} - \cos\dfrac{2\pi\xi}{t}} + \frac{t}{2\pi}\frac{\zeta}{\zeta^2+\xi^2}$$

$$b(S_0,S) = \frac{1}{2}\frac{\sin\dfrac{2\pi\xi}{t}}{\operatorname{ch}\dfrac{2\pi\zeta}{t} - \cos\dfrac{2\pi\xi}{t}} + \frac{t}{2\pi}\frac{\xi}{\zeta^2+\xi^2}$$

则

$$\begin{cases} V_{2u} = \dfrac{1}{t}\displaystyle\int_{-\frac{b}{2}}^{\frac{b}{2}} a(S_0,S)\gamma(s)\,\mathrm{d}s \\[2mm] V_{2z} = \dfrac{1}{t}\displaystyle\int_{-\frac{b}{2}}^{\frac{b}{2}} b(S_0,S)\gamma(s)\,\mathrm{d}s \end{cases} \tag{5-59}$$

式（5-59）中的 a、b 是与 t 以及 S 和 S_0 有关的函数，可证明当 $S \to S_0$ 时，被积函数不再是不定式 $\dfrac{0}{0}$，而是零，所以积分可以进行。求 V_{2u} 和 V_{2z} 的积分中所需的函数 $a(S_0,S)$ 及 $b(S_0,S)$，可由附录中的诺模图来确定各点的值。把实际栅距缩小成诺模图上的栅距，把按同样比例缩小后的叶片上的点 $\overline{S}$，放在原来的原点（涡点）处，并使列线与图中的模轴平行，则点 $\overline{S_0}$ 处的值即为所求的 $a(\overline{S_0},\overline{S})$ 和 $b(\overline{S_0},\overline{S})$ 值。如果遇到把点 $\overline{S}$ 放在原点，点 $\overline{S_0}$ 超出图线范围的情况，则可把图转过 $180°$，在 $\overline{S_0}$ 所落点处查取 a、b 值，但要改变符号。

5.3 几种复杂的叶栅绕流问题

5.3.1 圆柱叶栅绕流

叶栅理论中的绕圆柱叶栅绕流，如同翼型理论中绕一个圆柱的流动那样具有重要作用，在一些理论研究中可加以利用。

绕一个圆柱外部的流动可用均匀流和偶极子流叠加的方法确定，那么，绕圆柱叶栅外部的流动是否等于均匀流和叶栅偶叠加的结果呢？

考虑图 5-13 所示的圆柱叶栅绕流，设圆柱半径 $R=1$，无穷远处来流速度 $w_1=w_2=w_\infty=1$，绕圆柱速度环量 $\Gamma=0$，无穷远处来流和去流速度冲角为零，即 $\alpha_1=\alpha_2=0$，圆柱叶栅的栅距为 t，圆心位于 $z=nit(n=0,\pm1,\pm2,\cdots)$。

若强度为 m 的偶极子流分布于 $z=nit$，并与单位速度的均匀流叠加（图 5-14a），则其复势为

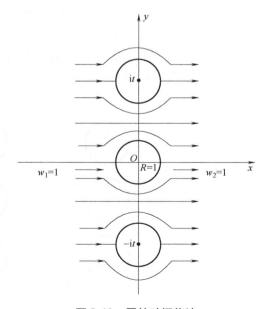

图 5-13 圆柱叶栅绕流

$$W(z) = z + \frac{m}{2\pi}\sum_{-\infty}^{\infty}\frac{1}{z - nit} = z + \frac{m}{2\pi}\coth\frac{\pi z}{t} = z + \frac{m}{2\pi}k\coth(kz) \tag{5-60}$$

式中，$k = \pi/t$。相应的复速度为

$$\frac{\mathrm{d}W}{\mathrm{d}z} = 1 - \frac{m}{2\pi}\frac{k^2}{\mathrm{sh}^2(kz)} \tag{5-61}$$

对于其中一个 n，如 $n = 0$ 时，确定其驻点 $z = z_k$，使 $\frac{\mathrm{d}W}{\mathrm{d}z} = 0$，便可求得

$$x_k = \pm\frac{1}{k}\mathrm{arsh}\left(k\sqrt{\frac{m}{2\pi}}\right), \quad y_k = 0$$

要使 $x_k = 1$，其偶极子流强度 m 应为

$$m = \frac{2\pi}{k^2} - \mathrm{sh}^2 k \tag{5-62}$$

求零流线方程：$\psi(x_0, y_0) = I_m w(z) = 0$，可解得

$$y_0 - \frac{m}{2\pi} - \frac{k\sin(2ky_0)}{\mathrm{ch}(2kx_0) - \cos(2ky_0)} = 0 \tag{5-63}$$

这是一个卵形方程。令 $x_0 = 0$，$y_0 = b$，将式（5-63）展开可求得

$$b \approx 1 - \frac{k^2}{6} \tag{5-64}$$

式（5-64）表明，均匀流与叶栅偶的叠加并不等于圆柱叶栅绕流。为获得更接近于绕圆柱叶栅流动的复势，设想在叶栅偶分布的基础上，在每个偶极子流上下（即在虚轴上）$\pm \mathrm{i}c$ 处再分布环量为 $\mp\gamma$ 的点涡（图 5-14b），与单位均匀流叠加后的复势和复速度分别为

$$W(z) = z - \frac{\gamma}{2\pi\mathrm{i}}\ln\frac{\mathrm{sh}[k(z - \mathrm{i}c)]}{\mathrm{sh}[k(z + \mathrm{i}c)]} + \frac{mk}{2\pi}\coth(kz) \tag{5-65}$$

$$\frac{\mathrm{d}W}{\mathrm{d}z} = 1 - \frac{\gamma}{\pi}\frac{k\sin(2kc)}{\mathrm{ch}(2kz) - \cos(2kc)} - \frac{m}{2\pi}\frac{k^2}{\mathrm{sh}^2(kz)} \tag{5-66}$$

从而可求出零流线方程为

$$y_0 + \frac{\gamma}{2\pi}\ln\frac{\mathrm{ch}(2kx_0) - \cos[2k(y_0 - c)]}{\mathrm{ch}(2kx_0) - \cos[2k(y_0 + c)]} - \frac{m}{2\pi}\frac{k\sin(2ky_0)}{\mathrm{ch}(2kx_0) - \cos(2ky_0)} \tag{5-67}$$

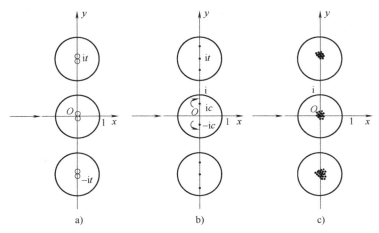

图 5-14　圆柱叶栅绕流与单位速度的均匀流叠加

选择合适的参数 m、γ、c，使以上零流线方程尽可能接近于单位圆柱，为此可应用以下条件确定这三个参数：

1）当 $y_0 = 0$，$x_0 = 1$。

2）当 $x_0 = 0$，$y_0 = 1$。

3）当 $x_0 = 0$、$y_0 = 1$ 时，$\dfrac{\mathrm{d}^2 y_0}{\mathrm{d}x_0^2} = -1$。

用以上复势代表单位圆柱叶栅绕流，在实际计算中已有很好的精度（k^3 量级）。

5.3.2　叶栅绕流的黏性效应

叶栅绕流的黏性效应可利用边界层理论进行分析。在翼型表面上通常有逐渐加厚的边界层，如图 5-15 所示，而翼型尾缘后的尾流遗迹中，边界层内的速度梯度则逐渐被拉平。对叶栅绕流来说，设尾缘断面 0 上出流角为 λ_0，边界层外速度为 w_0，如图 5-16a 所示；在叶栅远后方断面 2 上，由于所形成的边界层内速度梯度已被拉平，其出流速度变为 w_2，出流角变为 λ_D，如图 5-16b 所示。

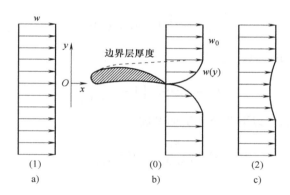

图 5-15　逐渐加厚的边界层

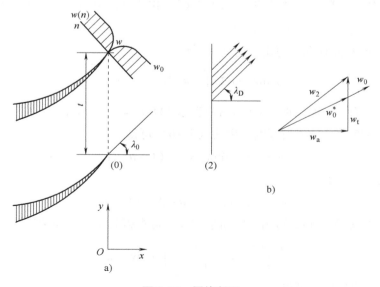

图 5-16　尾缘断面

在翼型尾缘处，边界层排挤厚度 δ_d 和动量损失厚度 δ_m 可分别表示为

$$\delta_d = \int_{-\infty}^{\infty} \frac{w_0 - w}{w_0} dn \tag{5-68}$$

和

$$\delta_m = \int_{-\infty}^{\infty} \frac{w}{w_0}\left(1 - \frac{w}{w_0}\right) dn \tag{5-69}$$

其中，积分沿翼型两边的法线方向（n），其厚度 δ_d 和 δ_m 已包括翼型两边的效应。若边界层很薄，则其积分上下限可以用二分之一栅距代替，即

$$\delta_d = \int_{-t/2}^{t/2}\left(1 - \frac{w}{w_0}\right) dn \tag{5-70}$$

$$\delta_m = \int_{-t/2}^{t/2} \frac{w}{w_0}\left(1 - \frac{w}{w_0}\right) dn \tag{5-71}$$

对整个叶栅区间在断面 0 和 2 处（图 5-16）应用连续性方程。在这两个断面上某轴向速度 w_a 相等，并有

$$w_a = \frac{1}{t}\int_{-t/2}^{t/2} w\cos\lambda_0 dy \tag{5-72}$$

利用式（5-70）和 $dn = dy\cos\lambda_0$，又有

$$w_a = w_0\cos\lambda_0\left(1 - \frac{\delta_d}{t\cos\lambda_D}\right) \tag{5-73}$$

为书写简化起见，引入以下两个无量纲参数

$$\Delta = \frac{\delta_d}{t\cos\lambda_D}, \quad \theta = \frac{\delta_m}{t\cos\lambda_D} \tag{5-74}$$

则式（5-73）又可写为

$$w_a = w_0\cos\lambda_0(1 - \Delta) \tag{5-75}$$

如将无黏性绕流在翼型尾缘处的速度记为 w_0^*，由于 $w_a = w_0^*\cos\lambda_D$，故通过比较可知，在黏性的影响下，w_0 是 w_0^* 的 $1/(1 - \Delta)$ 倍。

对图 5-16 中的断面 0 和 2 写出 y 向动量方程

$$\rho\sin\lambda_0\cos\lambda_D\int_{-t/2}^{t/2} w^2 dy = \rho w_a w_t t \tag{5-76}$$

式中，w_t 为出口断面 2 上的周向（y 向）速度。因为 $w^2 = w_0^2 - (ww_0 - w^2) - w_0(w_0 - w)$，并引入边界层排挤厚度和动量损失厚度，由式（5-76）可得

$$w_a w_t = w_0^2\sin\lambda_D\cos\lambda_D(1 - \theta - \Delta) \tag{5-77}$$

将式（5-75）代入，则有

$$w_t = w_0\sin\lambda_D(1 - \theta - \Delta)/(1 - \Delta) \tag{5-78}$$

对图 5-16 中的断面 0 和 2 写出 x 向动量方程，可求得其压力升高关系式为

$$\frac{p_2 - p_0}{\rho} = \frac{\cos^2\lambda_0}{t} - \int_0^t w^2 dy - w_a^2 \tag{5-79}$$

做以上类似处理与代替后，可得

$$\frac{p_2 - p_0}{\rho} = w_a^2 \left[\frac{1 - \theta - \Delta}{(1 - \Delta)^2} - 1 \right] \tag{5-80}$$

现在再考虑断面 0 和 2 处的比能量损失 E_t，由不可压缩流体能量方程，近似地有

$$E_t = \frac{p_0}{\rho} + \frac{w_0^2}{2} - \frac{p_2}{\rho} - \frac{w_2^2}{2}$$

$$= \frac{w_a^2}{2(1 - \Delta)^2} + \frac{w_t^2}{2} \frac{(1 - \Delta)^2}{(1 - \theta - \Delta)^2} - \frac{w_a^2}{2} - \frac{w_t^2}{2} + w_a^2 - w_a^2 \frac{1 - \theta - \Delta}{(1 - \Delta)^2} \tag{5-81}$$

假定边界层很薄，忽略式（5-81）中 θ 和 Δ 的高阶小量，则有

$$E_t = \theta w_a^2 + \theta w_t^2 = \theta w_0^2 \tag{5-82}$$

如定义能量损失系数 ζ 为

$$\zeta = E_t \bigg/ \left(\frac{1}{2} w_a^2 \right) \tag{5-83}$$

则有

$$\zeta = -\frac{2\theta}{\cos^2 \lambda_D} = \frac{2\delta_m}{t \cos^3 \lambda_D} \tag{5-84}$$

根据早期 Truckenbrodt 的研究，对完全湍流边界层，在翼型一边弦 l 上，动量损失厚度 δ_m 的计算公式为

$$\frac{\delta_m}{l} = \frac{C_f}{2} - \frac{\left[\int_0^1 (w^*/w_m)^{3 + \frac{2}{n}} \mathrm{d}\xi \right]^{\frac{n}{n+1}}}{(w^*/w_m)^3} \tag{5-85}$$

式中，C_f 为相应平板的摩擦阻力系数；w^* 为翼型表面上的无黏流速度；w_m 为参考（矢量平均）速度；ξ 为沿弦长的无量纲长度（$0 \leqslant \xi \leqslant 1$）；$n$ 为取决于雷诺数的一个常数，通常在 $Re = \frac{w_a l}{\nu} = 10^5 \sim 10^7$ 范围内，其中 ν 为运动黏度，可令 $n = 4$。

当前，对层流边界层的计算已有足够精确的方法，对湍流边界层的计算也提出了可获得对工程目的有一定精度的多种方法。下面仅讨论影响叶栅损失的几种因素。

1. 叶栅参数对叶栅损失的影响

对一给定叶栅，存在一个合适的进流角 β_1（相对进流速度 w_1 与列线的夹角，如图 5-17 所示），β_1 减小时，翼型损失增大，过小的 β_1 会使翼型损失急剧增加；β_1 增大（相对合适的进流角而言），翼型损失也增大，若 β_1 过大，则翼型损失也会急剧增加。这都是由流动分离所造成的。

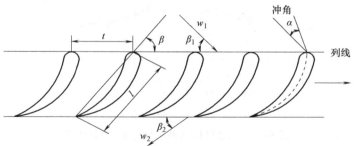

图 5-17 叶栅进出口角

减小相对栅距 $\bar{t}=t/l$，会使摩擦损失和尾迹损失增大，从而使总压损失增加。增大相对栅距，会使翼型凸面流速分布恶化（凸面流速增大，凹面流速减小），从而使翼型能量损失增大。过大的相对栅距将使损失急剧增加。

叶栅安装角 β（翼弦与列线的夹角）对叶栅损失也有影响：减小 β，会使叶栅损失增大；特别是进流角 β_1 增大时，影响更大。

2. 雷诺数对叶栅损失的影响

雷诺数 $Re=wl/\nu$ 在物理意义上表示流动中流体惯性力与黏性力之比。在叶栅绕流中，特征速度 w 可取 w_1（减速叶栅）、w_2（加速叶栅）或 w_∞（平均矢量速度）。大的雷诺数表示黏性的影响小。

根据雷诺数不同，叶栅绕流可以分为纯层流流动、层流有分离的流动、纯湍流流动以及湍流有分离的流动等。因此，预测雷诺数对叶栅损失的影响是一个比较复杂的问题，特别是在层流与湍流边界层过渡的临界雷诺数范围内，更需要通过试验数据来确定。

图 5-18 所示为某一等压叶栅的损失系数与 Re 关系的测量所得曲线。这条曲线表明，Re 较小时有较强的层流分离，进入湍流区后边界层分离已几乎消失。

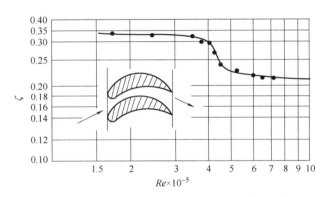

图 5-18　等压叶栅的损失系数与 Re 关系的测量所得曲线

图 5-19 所示为一加速叶栅损失系数与 Re 关系曲线。它指出在 Re 较小时，雷诺数对叶栅损失有很大影响，并表明翼型很大部分为无分离的层流边界层。

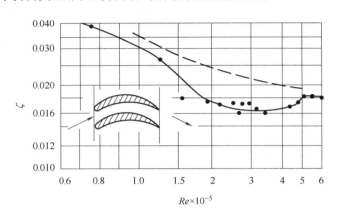

图 5-19　加速叶栅损失系数与 Re 关系曲线

图 5-20 所示为一减速叶栅损失系数与 Re 关系曲线。它指出在低 Re 时有很大的叶栅损失，这是由大的层流分离引起的。

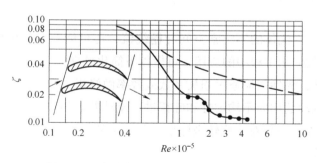

图 5-20 减速叶栅损失系数与 Re 关系曲线

3. 表面粗糙度对叶栅损失的影响

表面粗糙度会影响湍流边界层阻力。当层流边界层或湍流边界层表面相对粗糙度（k_s/l）小于流体动力允许的粗糙度（即水力光滑区）时，表面粗糙度并不影响流动阻力。

流体动力允许粗糙度的大小与边界层流态有关，其近似的计算公式为

$$\frac{k_s}{l} \leqslant \frac{100}{Re} \qquad (5-86)$$

式中，k_s 为等效砂粒粗糙度；l 为翼型弦长。若物面粗糙度大于流体动力允许粗糙度，则其损失系数将随表面粗糙度值的增加而增大。图 5-21 所示为对某一加速叶栅测得的 ζ-$\frac{k_s}{l}$ 关系曲线。

工程应用中的物面，其等效砂粒粗糙度 k_s 的大小见表 5-2。

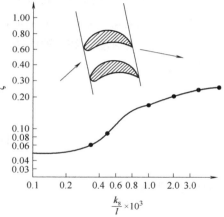

图 5-21 加速叶栅损失系数与表面相对粗糙度的关系曲线

表 5-2 等效砂粒粗糙度 k_s 的大小

物面类型	k_s/mm	物面类型	k_s/mm
未经机械加工的铸件	0.03 ~ 0.1	有锈的钢	0.06 ~ 0.10
轧钢	0.02 ~ 0.04	轻金属加工面	0.0015 ~ 0.002
碾磨铣加工钢（流动方向垂直于铣纹）	0.005 ~ 0.03	镀镍、镀铬的面	0.0015 ~ 0.002
碾磨铣加工钢（流动方向平行于铣纹）	0.002 ~ 0.005	表面喷砂的面	0.008 ~ 0.01
抛光的钢	0.001 ~ 0.003		

5.3.3 空间叶栅绕流

在实际叶轮机械中，叶栅绕流（如船舶工程中常用的螺旋桨、风车、风扇、水泵等）均为空间叶栅绕流，与平面叶栅绕流相比，空间叶栅绕流的流动参数沿叶片高度是变化的，并

存在径向流动，即流动参数与三个空间坐标有关，通常又是不定常流动。在目前的工程中，已越来越多地要求采用空间叶栅绕流模型进行叶轮机械的设计和计算。

1. 简化处理

实际叶栅绕流是黏性流体的不定常空间叶栅绕流，还可能存在流体的可压缩性和外界热交换。但是，对于多数船舶工程中的应用，可做以下简化处理：

1）不计流体黏性，黏性效应通过损失系数或效率做修正考虑。

2）忽略叶栅内流动的周向不均匀性和叶栅进口流动参数的波动，假定静叶栅内的绝对流动和动叶栅内的相对流动（相对于旋转坐标系）是定常的。

3）不计重力影响。

4）对于气体，认为满足气体状态方程 $p = \rho RT$（R 为气体常数，T 为气温），不计气体与外界的热交换，假定是绝热的。如果气流的速度不高或为液体绕流，则假定流体是不可压缩的。

这样，实际空间叶栅绕流就简化为不计重力的理想、绝热（对气体）或不可压缩（对液体）的定常三元流动。空间叶栅绕流的简化基本方程可引出如下：取旋转坐标系，即坐标系随转子一起以等角速度 ω 绕 z 轴旋转，在柱坐标系 (r, θ, z) 中，绝对速度 $\boldsymbol{v}$ 与相对速度 $\boldsymbol{w}$ 之间的关系为

$$\begin{cases} v_r = w_r \\ v_\theta = w_\theta + r\omega \\ v_z = w_z \\ v_m = w_m \, (\text{子午流速}) \end{cases} \tag{5-87}$$

或写成矢量形式，即

$$\boldsymbol{v} = \boldsymbol{w} + \boldsymbol{\omega} \times \boldsymbol{r} \tag{5-88}$$

考虑在动坐标中对时间求导时，其单位矢量也随时间变化，如果令 $(\boldsymbol{i}_1, \boldsymbol{i}_2, \boldsymbol{i}_3)$ 是旋转的动坐标中的三个正交单位矢量，对任一矢量 $\boldsymbol{p} = p_1 \boldsymbol{i}_1 + p_2 \boldsymbol{i}_2 + p_3 \boldsymbol{i}_3$，则有

$$\frac{\mathrm{d}\boldsymbol{p}}{\mathrm{d}t} = \sum_{i=1}^{3} \left(\frac{\mathrm{d}p_i}{\mathrm{d}t} \boldsymbol{i}_i + p_i \frac{\mathrm{d}\boldsymbol{i}_i}{\mathrm{d}t} \right) = \sum_{i=1}^{3} \left(\frac{\mathrm{d}p_i}{\mathrm{d}t} \boldsymbol{i}_i + p_i \boldsymbol{\omega} \times \boldsymbol{i}_i \right) = \left(\frac{\mathrm{d}\boldsymbol{p}}{\mathrm{d}t} \right)_\tau + \boldsymbol{\omega} \times \boldsymbol{p} \tag{5-89}$$

式中，$\left(\dfrac{\mathrm{d}\boldsymbol{p}}{\mathrm{d}t} \right)_\tau$ 为相对于旋转动坐标 $\boldsymbol{p}$ 的变化率。利用以上关系，可以得到绝对运动和相对运动加速度的关系为

$$\frac{\mathrm{d}\boldsymbol{v}}{\mathrm{d}t} = \frac{\mathrm{d}\boldsymbol{w}}{\mathrm{d}t} + 2\boldsymbol{\omega} \times \boldsymbol{v} + \boldsymbol{\omega} \times (\boldsymbol{\omega} \times \boldsymbol{r}) \tag{5-90}$$

于是，便可方便地写出以下基本方程。

2. 基本方程

（1）连续性方程

$$\frac{1}{\partial r} \frac{\partial(rw_t)}{r} + \frac{1}{r} \frac{\partial w_\theta}{\partial \theta} + \frac{\partial w_z}{\partial z} = 0 \tag{5-91}$$

（2）运动方程

$$\frac{\mathrm{d}\boldsymbol{w}}{\mathrm{d}t} + 2\boldsymbol{\omega} \times \boldsymbol{w} + \boldsymbol{\omega} \times (\boldsymbol{\omega} \times \boldsymbol{r}) = -\frac{1}{\rho}\boldsymbol{\nabla} p \tag{5-92}$$

写成柱坐标中三个分量形式为

$$\begin{cases} \dfrac{\mathrm{d}w_r}{\mathrm{d}t} - \dfrac{(w_\theta + wr)^2}{r} = -\dfrac{1}{\rho}\dfrac{\partial p}{\partial r} \\[3mm] \dfrac{1}{r}\dfrac{\mathrm{d}(rw_\theta + wr^2)}{\mathrm{d}t} = -\dfrac{1}{\rho r}\dfrac{\partial p}{\partial \theta} \\[3mm] \dfrac{\mathrm{d}w_z}{\mathrm{d}t} = -\dfrac{1}{\rho}\dfrac{\partial p}{\partial z} \end{cases} \tag{5-93}$$

（3）能量方程　对于不可压缩流体，可求得以上运动方程在流线上的积分，其积分式具有能量方程的意义。考虑式（5-92），对于定常流动，有

$$\frac{\mathrm{d}\boldsymbol{w}}{\mathrm{d}t} = (\boldsymbol{w}\cdot\boldsymbol{\nabla})\boldsymbol{w} = \boldsymbol{\nabla}\left(\frac{w^2}{2}\right) - \boldsymbol{w}\times(\boldsymbol{\nabla}\times\boldsymbol{w})$$

$$\boldsymbol{\omega}\times(\boldsymbol{\omega}\times\boldsymbol{r}) = -\omega^2 r = -\boldsymbol{\nabla}\left(\frac{r^2\omega^2}{2}\right)$$

所以

$$\boldsymbol{\nabla}\left(\frac{p}{\rho} + \frac{w^2}{2} - \frac{r^2w^2}{2}\right) = \boldsymbol{w}\times(\boldsymbol{\nabla}\times\boldsymbol{w}) - 2\boldsymbol{\omega}\times\boldsymbol{w} \tag{5-94}$$

由于矢量 $\boldsymbol{w}\times(\boldsymbol{\nabla}\times\boldsymbol{w})$ 及 $\boldsymbol{\omega}\times\boldsymbol{w}$ 都与 $\boldsymbol{w}$ 相垂直，故以流动方向的单位矢量 $\boldsymbol{l}$ 点积式（5-94）两端，可得

$$\boldsymbol{\nabla}\left(\frac{p}{\rho} + \frac{w^2}{2} - \frac{r^2w^2}{2}\right)\cdot\boldsymbol{l} = 0$$

或

$$\frac{\mathrm{d}}{\mathrm{d}l}\left(\frac{p}{\rho} + \frac{w^2}{2} - \frac{r^2w^2}{2}\right) = 0$$

积分后可得出沿相对流线的积分式为

$$\frac{p}{\rho} + \frac{w^2}{2} - \frac{r^2w^2}{2} = 常数 \tag{5-95}$$

式（5-95）即为相对定常流动所应满足的能量方程。

3. 基本方程的演化

具体求解空间叶栅绕流问题时，根据所采用的方法不同，还需要进一步对以上基本方程进行演化。

目前，求解有壳体的叶轮机械内相对定常三元流动的常用理论方法是吴仲华教授在 1952 年提出的两类相对流面理论。它的基本思想是：把实际三元流动问题简化为两族相关的二元流动问题，如图 5-22 所示。一族称为 S_1 流面，它与两个相邻叶片表面相交，也叫跨叶片流面；另一族称为 S_2 流面，它位于两个叶片中间，其形状与叶片中弧面相似。这两族流面在流道中是彼此相交的，但同一族的两个流面则不相交。这种用两个二元流动来近似地代替一个完整的三元流动的分析法，也称为准三元流动分析法。最简单的准三元流动分析法是固定 S_1

和 S_2 流面外形，将其中的流动分开单独计算。实际上，分析 S_2 流面流动时，要假定 S_1 流面中的流动是已知的；而分析 S_1 流面时，也要预先知道 S_2 流面中的流动。故精确的方法是对 S_1 和 S_2 流面做反复迭代计算。

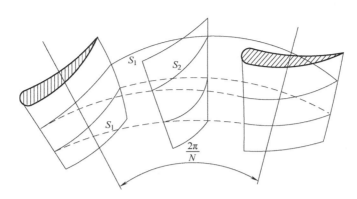

图 5-22　实际三元流动简化为两族相关的二元流动

实际应用时，S_1 流面通常取为绕叶轮轴的旋转面，这些旋转面的形状和厚度可根据叶轮子午面流道形状来估定，必要时，再按 S_2 流面计算出的流线进行修正。S_2 流面通常只取平均流面 S_{2m} 进行计算，它的形状与叶片中心面相接近，其中流动参数表示周向平均值。

对 S_1 流面和 S_2 流面具体求解的数值方法有流线曲率法、有限差分法、有限元法等，它们各具特点，其中流线曲率法是将基本方程写成速度梯度形式，能使计算迅速完成。

流线曲率法也叫流线迭代法，它是通过流线曲率和斜率的迭代计算来求得问题答案的一种方法。问题是如何应用连续性方程、运动方程和能量方程求解相对速度矢量 w 和压力 p。相对速度 w 在子午流面和回转旋转面上的速度分量之间有以下关系

$$\begin{cases} w_r = w\cos\beta\sin\alpha \\ w_z = w\cos\beta\sin\alpha \\ w_\theta = w\sin\beta \\ w_m = w\cos\beta \end{cases} \tag{5-96}$$

式中，w_m 是子午流速；α 是子午流动角；β 是周向流动角，如图 5-23 所示。如果有确定的流线位置，则 α 和 β 也是确定的，这样，未知函数就只有 p 和 w 两个。故求解时可先假定流线位置，由运动方程和能量方程求出 w 和 p，然后根据是否满足连续性方程来修改假定的流线，并重新进行计算，直到满足连续性方程为止。这就是流线曲率法求解过程的基本思想。

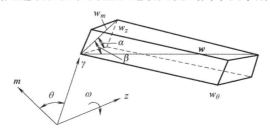

图 5-23　子午流面和回转旋转面上的速度分量

应用流线曲率法时，需要将运动方程改写为沿任意曲线的运动方程。例如，分析子午流面或旋转流面上沿某一任意曲线 q 的流体参数变化时，将曲线 q 视为实际流面中相应曲线（即实际流线在子午面或回转旋转面上的投影为 q）上流动参数的变化。为使运动方程的数学表达式能确切地反映叶轮机械中流体运动的这种物理模型，可采用沿流面偏导数的下列表达法

$$\frac{\overline{\partial()}}{\partial q} = \frac{\partial()}{\partial r}\frac{\mathrm{d}r}{\mathrm{d}q} + \frac{\partial()}{\partial \theta}\frac{\mathrm{d}\theta}{\mathrm{d}q} + \frac{\partial()}{\partial z}\frac{\mathrm{d}z}{\mathrm{d}q} \tag{5-97}$$

将不可压缩流体的能量方程［式（5-94）］写成沿流面偏导数形式，有

$$\frac{1}{\rho}\frac{\overline{\partial p}}{\partial q} + w\frac{\overline{\partial w}}{\partial q} - rw^2\frac{\overline{\partial r}}{\partial q} = 0 \tag{5-98}$$

式中

$$\frac{\overline{\partial p}}{\partial q} = \frac{\partial p}{\partial r}\frac{\mathrm{d}r}{\mathrm{d}q} + \frac{\partial p}{\partial \theta}\frac{\mathrm{d}\theta}{\mathrm{d}q} + \frac{\partial p}{\partial z}\frac{\mathrm{d}z}{\mathrm{d}q}$$

将运动方程（5-92）代入消去 $\frac{\partial p}{\partial r}$、$\frac{\partial p}{\partial \theta}$、$\frac{\partial p}{\partial z}$，并注意到

$$\frac{\mathrm{d}()}{\mathrm{d}t} = w_m\frac{\partial()}{\partial m} + \frac{w_\theta}{r}\frac{\partial()}{\partial \theta} = w_m\left[\frac{\partial()}{\partial m} + \frac{\tan\beta}{r}\frac{\partial()}{\partial \theta}\right]$$

$$= w_m\left[\frac{\partial()}{\partial m} + \frac{\partial()}{\partial \theta}\frac{\mathrm{d}\theta}{\mathrm{d}m}\right] = w_m\frac{\mathrm{d}()}{\mathrm{d}m}$$

则由式（5-98）可解得

$$\frac{\partial w}{\partial q} = \left[\cos\beta\frac{\mathrm{d}(w\cos\beta\sin\alpha)}{\mathrm{d}m} - \frac{w\sin^2\beta}{r} - 2\omega\sin\beta\right]\frac{\mathrm{d}r}{\mathrm{d}q} +$$

$$\cos\beta\frac{\mathrm{d}(rw\sin\beta + \omega r^2)}{\mathrm{d}m}\frac{\mathrm{d}\theta}{\mathrm{d}q} + \cos\theta\frac{\mathrm{d}(w\cos\beta\cos\alpha)}{\mathrm{d}m}\frac{\mathrm{d}z}{\mathrm{d}q} \tag{5-99}$$

式（5-99）就是叶轮机械中无黏性流体沿任意曲线形式的运动方程。

4. S_2 流面流场的计算

例如，对离心叶轮 S_2 流面的流场在子午投影面上进行分析，可将以上曲线 q 作为子午面上从叶轮内壁到外壁的任意直线 n（称为准法线），如图5-24所示。则式（5-99）可整理为

$$\frac{\overline{\partial w}}{\partial n} = \frac{\mathrm{d}w}{\mathrm{d}n} = A\frac{\mathrm{d}w}{\mathrm{d}m} + Bw + C \tag{5-100}$$

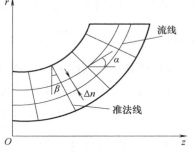

图5-24 离心叶轮 S_2 流面在子午面的投影

式中，$A = \cos^2\beta\sin(\alpha - \psi) + \frac{r}{2}\sin^2\beta\frac{\mathrm{d}\theta}{\mathrm{d}m}$

$$B = \left[\cos\beta\frac{\mathrm{d}(\cos\beta\sin\alpha)}{\mathrm{d}n} - \frac{\sin^2\beta}{r}\right]\cos\psi + \left(r\cos\beta\frac{\mathrm{d}\sin\beta}{\mathrm{d}n} + \frac{1}{2}\sin2\beta\sin\alpha\right)\frac{\mathrm{d}\theta}{\mathrm{d}n} - \cos\beta\frac{\mathrm{d}(\cos\beta\cos\alpha)}{\mathrm{d}n}\sin\psi$$

$$C = 2\omega r\cos\beta\sin\frac{\mathrm{d}\theta}{\mathrm{d}n} - 2\omega\sin\beta\cos\psi$$

其中，$\frac{\mathrm{d}\theta}{\mathrm{d}n} = \frac{\partial\theta}{\partial r}\frac{\mathrm{d}r}{\mathrm{d}n} + \frac{\partial\theta}{\partial z}\frac{\mathrm{d}z}{\mathrm{d}n} = \frac{\partial\theta}{\partial r}\cos\psi - \frac{\partial\theta}{\partial z}\sin\psi$，$\alpha = \arcsin\frac{\mathrm{d}r}{\mathrm{d}n}$，$\beta = \arctan\frac{r\mathrm{d}\theta}{\mathrm{d}n}$，$\psi = \arccos\frac{\mathrm{d}r}{\mathrm{d}n}$。

速度梯度方程［式（5-100）］就是用于计算的一个基本方程。为求解其流场，在满足速

度梯度方程的同时，还必须满足连续性方程式。在对 S_2 流面进行分析时，只考虑两叶片间平均流面（S_2 流面）上的流动，即在 S_2 流面上，将流动参数看作整个叶轮通道的周向平均值（即所谓的"通流分析"或"轴对称"假设），则连续性方程可简写为

$$Q = N\int \rho g w_{\mathrm{u}} \Delta\theta \mathrm{d}n \tag{5-101}$$

式中，N 是叶片数；w_{u} 是相对速度在准法线方向的分量，即

$$w_{\mathrm{u}} = w\cos\beta\cos(\psi - \alpha) \tag{5-102}$$

$\Delta\theta$ 是除去叶片厚度后，两叶片之间的角距离，即

$$\Delta\theta = \frac{2\pi}{n} - \frac{t_\theta}{r} \tag{5-103}$$

式中，t_θ 是叶片的切向厚度，通常根据叶片的法向厚度 t_{n} 计算确定，即

$$t_\theta^2 = t_{\mathrm{n}}^2\left[1 + r^2\left(\frac{\partial\theta_1}{\partial r}\right)^2 + r^2\left(\frac{\partial\theta_1}{\partial z}\right)^2\right] \tag{5-104}$$

其中，$\theta_1 = \theta_1(r,z)$ 为叶片中心面角坐标。这样，根据以上的基本关系式，便能计算 S_2 流面的流场。现对计算步骤和有关计算方法综述如下：

1）给定初始数据，如流量 Q、转速 ω、叶片数 N、叶轮内壁子午型线、叶片厚度分布等。

2）在叶轮子午流面上选定准法线数量，并自叶轮内、外壁作准法线（取直线，尽量接近于法线）。选定子午流线数量，并在子午面上作出初始流线，从而确定初始流线和准法线相交的各计算网格点上的坐标值 (r,z,θ)。

3）在所有流线和准法线相交的网格点上算出 $\dfrac{\partial\theta}{\partial r}$、$\dfrac{\partial\theta}{\partial z}$、$\dfrac{\mathrm{d}r}{\mathrm{d}n}$、$\dfrac{\mathrm{d}r}{\mathrm{d}z}$，然后计算确定 $\dfrac{\mathrm{d}\theta}{\mathrm{d}n}$、$\psi$、$\Delta n$、$\Delta m$、$\alpha$、$\beta$ $\left(\dfrac{\mathrm{d}\theta}{\mathrm{d}n} = \dfrac{\partial\theta}{\partial r}\dfrac{\mathrm{d}r}{\mathrm{d}n} + \dfrac{\partial\theta}{\partial z}\dfrac{\mathrm{d}z}{\mathrm{d}n}\right.$，$\psi = \arccos\dfrac{\mathrm{d}r}{\mathrm{d}n}$，$\Delta n$ 和 Δm 可按直线公式计算，$\alpha = \arctan\dfrac{\mathrm{d}r}{\mathrm{d}z}$，$\left.\beta = \arctan\dfrac{r\mathrm{d}\theta}{\mathrm{d}m}\right)$。

4）计算速度梯度方程［式（5-100）］中的系数 A、B、C。

5）假定内壁计算点上的速度分布初值。

6）应用式（5-100）求出每条流线上的速度分布。如内壁上的初始速度给定后，由式（5-100）可算出 $\left(\dfrac{\mathrm{d}w}{\mathrm{d}n}\right)_{i,j}$ 的值，则沿准法线上的速度分布为

$$w_{i+1,j}^* = w_{i,j} + \left(\frac{\mathrm{d}w}{\mathrm{d}n}\right)_{i,j}\Delta n$$

$$w_{i+1,j}^{**} = w_{i,j} + \left(\frac{\mathrm{d}w}{\mathrm{d}n}\right)_{i+1,j}\Delta n$$

则

$$w_{i+1,j} = \frac{w_{i+1,j}^* + w_{i+1,j}^{**}}{2} \tag{5-105}$$

式中，i 是流线的编号；j 是准法线的编号。将按初始流线求得的 $w_{i+1,j}^*$，作为相邻流线的速度初始值 1 来计算 $\left(\dfrac{\mathrm{d}w}{\mathrm{d}n}\right)_{i+1,j}$。这样依次对准法线上的每条流线进行计算后，就可得出所有流线上的速度分布。

7）根据求得的速度场，用式（5-101）计算两条相邻流线间各计算截面上通过的流量，把所有流线间算出的流量相加可得总流量。将它与给定的设计流量相比较，如果算出的流量小，则按比例增大内壁上原先假定的速度分布初值；反之亦然。然后重新计算其速度分布和流量，直至计算流量与设计流量相符为止。

8）完成流量的迭代计算后，对每条准法线作出流量和速度分布曲线（Q-n 和 w-n 曲线），然后根据相邻两流线间流量相等的原则，通过 Q-n 曲线修改原先假定的流线初值位置，并同时由 w-n 曲线确定修改后流线上的速度分布。

9）试验研究表明，在叶轮出口附近由于二次流和边界层分离的出现，存在"滑动"现象，使相对出流角与叶片角有较大改变，故实际 S_2 流面将偏离叶片中心面。为使计算结果与实际相符，出口流面必须根据经验加以修正。修正出口流面后，重复上述步骤 1）~8）的计算。这样，S_2 流面流场计算便全部完成。

S_1 流面的计算与 S_2 流面相似。最后需要指出，对于无壳体叶轮机械（如船用螺旋桨、风车等）的计算，目前最流行的是升力面方法。

5.3.4 串列叶栅绕流

串列叶栅的概念最早是在 20 世纪初提出来的，它最初被用在飞机的机翼上。采用开缝式机翼使得总的来流偏转由原来一个完整的机翼来完成，改为分别由机翼的几个部分来实现，从而推迟了机翼附面层的流动分离，大大提高了机翼的升力，如图 5-25 所示。后来，人们把这种开缝式机翼的结构应用到压气机中的叶片排列上，这样就形成了串列叶栅。串列叶栅是一种叶栅组合，其含义十分广泛，包括前后放置的双排叶栅，以及具有不同轴向重叠度的大小叶片叶栅等。串列叶栅在世界先进航空发动机上已经得到非常成功的应用。本节简要介绍串列叶栅的基本概念及其流场的保角变换解法。

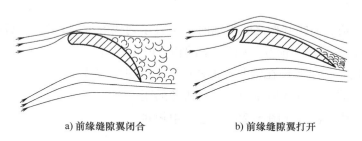

a) 前缘缝隙翼闭合   b) 前缘缝隙翼打开

图 5-25　开缝式机翼

1. 串列叶栅的参数

（1）串列叶栅的几何参数　在叶轮机中，当所需完成的气流转角用一排叶栅不能实现，或者即使能实现但损失过大时，可采用前后相距很近的两排叶栅来完成。这样的叶栅称为串列叶栅或双排叶栅。

图 5-26 所示为轴流式压气机静子串列叶栅的剖面展开图。从图中可以看出，串列叶栅实际上就是两排叶栅的组合。串列叶栅的前、后排单个叶片与

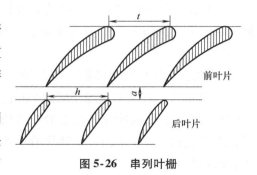

前叶片

后叶片

图 5-26　串列叶栅

普通叶栅的叶片相同，其几何参数也和普通叶片完全相同。

对于整个串列叶栅来说，因为是由两排叶栅组成的，所以还必须有表示前、后排叶栅相对位置的几何参数，如图 5-27 所示。

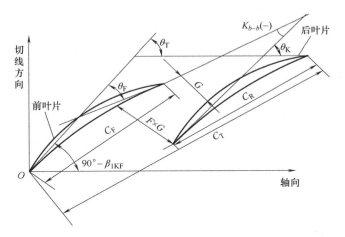

图 5-27　串列叶栅的几何参数

1）德国和日本采用的几何参数。

① 总弦长。前叶片中弧线与前缘的交点和后叶片中弧线与后缘的交点的连线称为串列叶片的总弦长，用 C_T 表示。

② 总弯角。前叶片中弧线在前缘点的切线和后叶片中弧线在后缘点的切线之间的夹角称为总弯角，用 θ_T 表示。

③ 总安装角。总弦长 C_T 和列线之间的夹角称为总安装角，用 β_{yT} 表示。它表示串列叶片在叶栅中的安装位置。

④ 轴向距离。前、后排叶栅之间沿轴向（垂直于列线的方向）的距离称为轴向距离，用 a 表示（图 5-26），也可用与前叶片弦长 C_F 的相对值 a/C_F 表示。

当 $a>0$ 时，前、后排叶栅在轴向不重叠；当 $a<0$ 时，在轴向有一部分重叠。

⑤ 周向偏距。前、后排叶栅在圆周方向错开的距离称为周向偏距，用 h 表示（图 5-26），也可用相对值 h/t 表示。

串列叶片的总参数（总弦长、总弯角和总安装角）可以由前排叶栅和后排叶栅的参数根据简单的几何关系求出。一般来说，串列叶栅前、后排的栅距 t 是相等的。

2）美国采用的几何参数（图 5-28）。

① 重叠度。后叶片前缘小圆圆心和前叶片后缘小圆圆心的连线，在前叶片外弦上的投影长度称为重叠度，用 L 表示。它表示前、后叶片沿前叶片外弦方向重叠的程度。

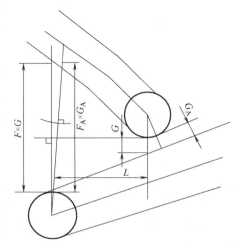

图 5-28　缝隙流道几何参数

② 缝隙流道宽度。前叶片后缘和后叶片吸力面之间缝隙流道的宽度称为缝隙流道宽度，用 G 表示。从前叶片后缘小圆圆心作一条垂直于前叶片外弦的直线，此直线与前叶片后缘小圆的交点到此直线与后叶片吸力面的交点的距离即为缝隙流道宽度 G。

③ 缝隙流道收敛度。缝隙流道进口宽度 $F \times G$ 和出口宽度 G 之比称为缝隙流道收敛度，用 F 表示。缝隙流道进口宽度是这样测量的：从后叶片前缘小圆圆心作一条垂直于前叶片外弦的直线，此直线与后叶片前缘小圆的交点到此直线与前叶片压力面的交点的距离即为缝隙流道进口宽度。

④ 弯度比。后叶片弯角和前叶片弯角之比称为弯度比，即 θ_R / θ_F。它表示后叶片和前叶片之间气动负荷的分配关系。

⑤ 弦长比。后叶片弦长和前叶弦长之比称为弦长比，即 C_R / C_F。

缝隙流道宽度 G 和重叠度 L 与总弦长 C_T 有关，因此，通常用以总弦长为参考量的相对值来表示。

⑥ $K_{b\text{-}b}$ 角。前叶片中线同 $F \times G$（图 5-27）延长线的交点处的切线角度与后叶片中线前缘处的切线角度的差值。它近似表示后叶片上中心流的攻角。

一般根据不同的设计条件，选择不同的叶型作为串列叶片的原始叶型。原始叶型都是经过大量的风洞试验，证明具有较好的气动性能的叶型。

（2）串列叶栅的气动参数　假定在叶栅远前方和远后方沿圆周方向（或列线方向）流动参数是均匀的。通过叶栅远前方和远后方截面来定义气动参数，1-1 截面表示栅前，2-2 截面表示栅后，对栅前气动参数加下角标"1F"、栅后加"2R"，则串列叶栅的主要气动参数如图 5-29 所示。

1）进气角 β_{1F}：1-1 截面处气流来流方向和列线的夹角。

2）攻角 i：前叶片的几何进口角和进气角之差，即 $i = \beta_{1KF} - \beta_{1F}$。$\beta_{1KF} > \beta_{1F}$ 时，为正攻角；$\beta_{1KF} < \beta_{1F}$ 时，为负攻角。

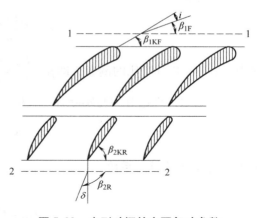

图 5-29　串列叶栅的主要气动参数

3）出气角 β_{2R}：2-2 截面处气流方向和列线的夹角。

4）落后角（或称偏离角）δ：由于气流的惯性和黏性对附面层的影响，气流流出叶栅时，不是完全顺着后叶栅的几何出口角方向，而是有一个偏差或称落后，即 $\beta_{2R} < \beta_{2KR}$，两者的差值称为落后角，即

$$\delta = \beta_{2KR} - \beta_{2R} \tag{5-106}$$

5）气流折转角（或称转角）$\Delta\beta$：气流流过叶栅时流动方向的改变量，即

$$\Delta\beta = \beta_{2R} - \beta_{1F} = \beta_{2KR} - \delta - (\beta_{1KF} - i) = \theta_T + i - \delta \tag{5-107}$$

6）总压损失系数 $\overline{\omega}$

$$\overline{\omega} = \frac{P_1^* - P_2^*}{\frac{1}{2}\rho_1 w_1^2} \tag{5-108}$$

式中，P_1^*、P_2^* 分别为进口和出口处的总压。

对于低速流动，气体可看作不可压缩的，在这种情况下，为了使用方便，有时将式（5-108）写成下面的形式

$$\bar{\omega} = \frac{1 - \dfrac{P_2^*}{P_1^*}}{1 - \dfrac{P_1}{P_1^*}} = \frac{1 - \delta}{1 - \pi(Ma_1)} \tag{5-109}$$

式中，δ 为叶栅的总压恢复系数；$\pi(Ma_1)$ 为气动函数；P_1 为进口处的静压。

总压损失系数表示气流流过叶栅时的总压损失。

对于孤立叶型，经常采用的气动参数有升力系数和阻力系数。普通单排叶栅中的叶片也可以采用这两个参数。下面讨论这两个参数与前面的气流折转角、总压损失系数之间的关系。

长度为 Δr 的叶片上的理论升力由库塔-茹科夫斯基公式确定，即

$$F_L = \rho \Gamma w_m \Delta r \tag{5-110}$$

式中，Γ 为叶片上的速度环量，$\Gamma = t(w_{2u} - w_{1u})$。

叶片的实际升力为

$$F = \frac{\rho \Gamma w_m \Delta r}{1 + \mu \cot\beta_m} = \frac{F_L}{1 + \mu \cot\beta_m} \tag{5-111}$$

式中，μ 为叶片升阻比的倒数，即 $\mu = \dfrac{F_D}{F_L} = \dfrac{C_D}{C_L}$。

另一方面，理论升力与实际升力类似，可以表示成

$$F_L = C_{Lt} \rho \Delta s \frac{w_m^2}{2} \tag{5-112}$$

式中，C_{Lt} 为理论升力系数。

于是可得

$$C_{Lt} = C_L(1 + \mu \cot\beta_m) \tag{5-113}$$

由式（5-110）知

$$F_L = \rho t \Delta w_u \Delta r \tag{5-114}$$

将式（5-114）与式（5-112）比较，得到

$$\Delta w_u = C_{Lt} \frac{b}{t} \frac{w_m^2}{2} \tag{5-115}$$

因为

$$\Delta w_u = C_a(\cot\beta_1 - \cot\beta_2) \tag{5-116}$$

将式（5-116）代入式（5-115），并注意到 $w_m = \dfrac{C_a}{\sin\beta_m}$，可得

$$C_{Lt} = 2\frac{t}{bw_m} \sin\beta_m(\cot\beta_1 - \cot\beta_2) \tag{5-117}$$

将式（5-117）代入式（5-113），可得

$$C_L = \frac{2\frac{t}{b}w_m\sin\beta_m(\cot\beta_1 - \cot\beta_2)}{1 + \mu\cot\beta_m}$$ (5-118)

式（5-118）中的 β_2 可以用 β_1 和 $\Delta\beta$ 来表示，β_m 也可以用 β_1 和 $\Delta\beta$ 来表示，则

$$\cot\beta_2 = \frac{\cot\beta_1\cot\Delta\beta - 1}{\cot\beta_1 + \cot\Delta\beta}$$ (5-119)

由图 5-30 可知

$$\cot\beta_m = \left(u - C_{1u} - \frac{\Delta C_u}{2}\right)\frac{1}{C_a} = \frac{1}{2}\left(\frac{u - C_{1u}}{C_a} + \frac{u - C_{1u} - \Delta C_u}{C_a}\right)$$

$$= \frac{\cot\beta_1 + \cot\beta_2}{2} = \frac{\cot^2\beta_1 + 2\cot\beta_1\cot\Delta\beta - 1}{2(\cot\beta_1 + \cot\Delta\beta)}$$ (5-120)

由式（5-118）可知，叶片的升力系数与气流折转角、进气角有一定的关系，它们是从不同的角度衡量叶片对气流的加功量的参数。

叶片的阻力系数 C_D 和总压损失系数有一定关系的。由图 5-30 可知

$$P_a = (p_2 - p_1)t\Delta r = F_L\cos\beta_m - F_D\sin\beta_m = F_L\cos\beta_m(1 - \mu\tan\beta_m)$$ (5-121)

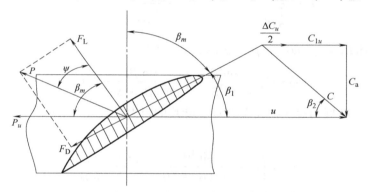

图 5-30 叶片上的空气动力

将升力系数的表达式代入式（5-121），得到

$$F_a = C_L\rho b\Delta r\frac{w_m^2}{2}\cos\beta_m(1 - \mu\tan\beta_m)$$ (5-122)

由式（5-121）和式（5-122），可得叶栅出口和进口的静压差 Δp 为

$$\Delta p = p_2 - p_1 = C_L\rho\frac{b}{t}\frac{w_m^2}{2}\cos\beta_m(1 - \mu\tan\beta_m)$$ (5-123)

当 $\mu = 0$ 时，式（5-123）为理论静压增加，此时 $C_L = C_{Lt}$，因此

$$\Delta p_t = C_{Lt}\rho\frac{b}{t}\frac{w_m^2}{2}\cos\beta_m$$ (5-124)

叶栅的静压损失等于理论静压增加和实际静压增加之差，即

$$\delta(\Delta p) = \Delta p_t - \Delta p = \rho\frac{b}{t}\frac{w_m^2}{2}\cos\beta_m[C_{Lt} - C_L(1 - \mu\tan\beta_m)]$$ (5-125)

将 C_{Lt} 和 C_L 的关系式（5-113）代入式（5-125），可得

$$\delta(\Delta p) = \rho \frac{b}{t} \frac{w_m^2}{2} \cos\beta_m \left[C_L(1 + \mu\cot\beta_m) - C_L(1 - \mu\tan\beta_m) \right]$$

$$= \rho \frac{b}{t} \frac{w_m^2}{2} \cos\beta_m \left[\mu C_L(\cot\beta_m + \tan\beta_m) \right]$$

$$= \rho \frac{b}{t} \frac{w_m^2}{2} C_D \frac{1}{\sin\beta_m} \tag{5-126}$$

叶栅的总压损失 Δp^* 为

$$\Delta p^* = \delta(\Delta p) + \rho \frac{C_2^2}{2} - \rho \frac{C_1^2}{2}$$

$$= \delta(\Delta p) + \rho \frac{(w_2^2 + u_2^2)}{2} - \rho \frac{(w_1^2 + u_1^2)}{2}$$

$$\approx \delta(\Delta p) + \rho \frac{(w_2^2 - w_1^2)}{2} \tag{5-127}$$

因此，叶栅的总压损失系数 $\overline{\omega}$ 为

$$\overline{\omega} = \frac{\Delta p^*}{\frac{1}{2}\rho w_1^2} = \frac{\rho \frac{b}{t} w_m^2 C_D \frac{1}{\sin\beta_m} + \rho \frac{(w_2^2 - w_1^2)}{2}}{\frac{1}{2}\rho w_1^2} \tag{5-128}$$

因为 $w_1\sin\beta_1 = w_2\sin\beta_2 = w_m\sin\beta_m$ 和 $\beta_2 = \Delta\beta + \beta_1$，所以

$$\overline{\omega} = C_D \frac{b}{t} \frac{\sin^2\beta_1}{\sin^3\beta_m} + \left[\frac{\sin^2\beta_1}{\sin^2(\beta_1 + \Delta\beta)} - 1 \right] \tag{5-129}$$

式（5-129）说明了叶栅的总压损失系数 $\overline{\omega}$ 和叶片的阻力系数 C_D 之间的关系。式（5-129）也可以写成

$$C_D = \left[\overline{\omega} - \frac{\sin^2\beta_1}{\sin^2(\beta_1 + \Delta\beta)} + 1 \right] \frac{t}{b} \frac{\sin^3\beta_m}{\sin^2\beta_1} \tag{5-130}$$

以上讨论都是从普通单排叶栅出发的，下角标"1"表示叶栅进口截面、"2"表示出口截面。所得结果对串列叶栅也适用，只是将下角标"1"换成"1F"，表示前排叶栅的进口截面；将下角标"2"换成"2R"，表示后排叶栅的出口截面，且 $\Delta\beta = \beta_{2R} - \beta_{1F}$。

7）进口马赫数 Ma_1 和出口马赫数 Ma_2：表示叶栅进口和出口的气流流动情况。

8）扩压速度比 DVR：叶片吸力面上最大速度与尾缘速度的比值，即 $DVR = V_{max}/V_{out}$。这个参数是叶片表面上扩压度的度量，也是有关附面层产生分离趋势的度量。这类似于由利布莱恩所提出的、现在被广泛应用的扩压因子。从附面层的曲线看，认为 $DVR = 1.32$ 是在前叶片吸力面附面层里不会出现分离的最大值。

9）双列性系数 K：通过缝隙流道流过的气流的动量与叶栅通道内按气流平均参数确定的动量之比，即

$$K = \frac{\rho_G w_G^2 G}{\rho_m w_m^2 t \sin\xi_T - \rho_m w_m^2 G} \tag{5-131}$$

式中，ρ_G 为流过缝隙流道的气流密度；w_G 为流过缝隙流道的气流速度；G 为缝隙流道的宽度；ρ_m 为串列叶栅通道内的平均气流密度，w_m 为串列叶栅通道内的平均气流速度，也就是串

列叶栅进口和出口速度的矢量平均值；ξ_T 为串列叶片（包括前叶片和后叶片）的总安装角。

双列性系数 K 说明了双列叶栅叶片通道内的能量在主气流和通过缝隙流道的气流之间的分配情况。

2. 保角变换法计算串列叶栅流场

本节介绍如何用保角变换法求解理想不可压缩流体在串列叶栅内的流场。此方法可以求解串列叶栅的正问题（已知叶栅的几何参数和特征速度，求叶栅区域内的速度分布）和反问题（已知上游远处和下游远处的速度矢量及叶栅叶片表面上的速度分布，求叶栅的几何参数）。

串列叶栅由前、后两排叶栅构成，它们的排列如图5-31a所示。通过保角变换法将串列叶栅变换为标准的双连通区域，变换过程的各个阶段如图5-31所示。第一阶段是将串列叶栅变换为双叶型；第二阶段是将 σ 平面内的双叶型变换为 ζ 平面内的两个不规则封闭曲线；第三阶段是将这两个不规则封闭曲线变成平面内的两个圆；第四阶段是将这两个圆变成平面内两个同心圆之间的环形区域。

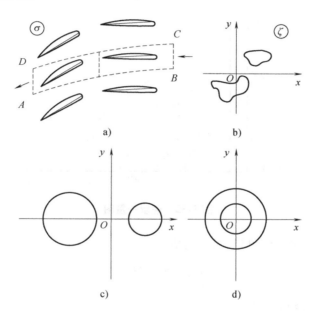

图5-31 保角变换的各个阶段

为了确定图5-31a所示串列叶栅的各流动参数之间的相互关系，采取下列步骤：

设直线 AD 和 BC 分别位于串列叶栅的下游很远处和上游很远处，如图5-31a所示。流线 AB 和 CD 正好相距一个栅距 t，AD 和 BC 平行于叶栅列线。

由连续性条件可知，通过周线 $ABCD$ 的总流量为零，因为 AB 和 CD 是流线，通过它们的流量为零，所以通过 BC 的流量等于通过 AD 的流量。由这个关系，得

$$tv_1\cos\lambda_1 = tv_2\cos\lambda_2$$

式中，t 是栅距，对两个叶栅是相同的。因此

$$v_1\cos\lambda_1 = v_2\cos\lambda_2 \tag{5-132}$$

式中，v_1 和 λ_1 分别为串列叶栅上游很远处速度的大小和方向；v_2 和 λ_2 分别为串列叶栅下游

很远处速度的大小和方向。

周线所包围的叶片的环量为

$$\Gamma = \oint_{ABCD} u\mathrm{d}s \tag{5-133}$$

式（5-133）中沿 AB 和 CD 的积分相等且方向相反，因此，这个积分变为

$$\Gamma = \oint_{ABCD} u\mathrm{d}s = t(v_1\sin\lambda_1 - v_2\sin\lambda_2) \tag{5-134}$$

或

$$\frac{\Gamma}{t} = v_1\sin\lambda_1 - v_2\sin\lambda_2 \tag{5-135}$$

图 5-32 所示为速度矢量图。其中 v_m 和 λ_m 分别是上游速度和下游速度的矢量平均值及其方向。用复数符号将平均速度写成

$$v_\mathrm{m}\mathrm{e}^{\mathrm{i}\lambda_\mathrm{m}} = \frac{v_1\mathrm{e}^{\mathrm{i}\lambda_1} + v_2\mathrm{e}^{\mathrm{i}\lambda_2}}{2} \tag{5-136}$$

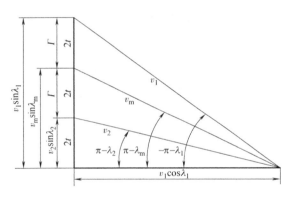

图 5-32　速度矢量图

根据连续性条件，式（5-135）可以写成

$$\frac{\mathrm{i}\Gamma}{2t} = \frac{v_1\mathrm{e}^{\mathrm{i}\lambda_1} - v_2\mathrm{e}^{\mathrm{i}\lambda_2}}{2} \tag{5-137}$$

式（5-136）和式（5-137）的解为

$$v_1\mathrm{e}^{\mathrm{i}\lambda_1} = v_\mathrm{m}\mathrm{e}^{\mathrm{i}\lambda_\mathrm{m}} + \frac{\mathrm{i}\Gamma}{2t} \tag{5-138}$$

$$v_2\mathrm{e}^{\mathrm{i}\lambda_2} = v_\mathrm{m}\mathrm{e}^{\mathrm{i}\lambda_\mathrm{m}} - \frac{\mathrm{i}\Gamma}{2t} \tag{5-139}$$

式（5-138）和式（5-139）是串列叶栅内流动的普遍方程。下面求同心圆包围的环形区域内的流动。

为了推导速度和速度势方程，必须先求出环形区域边界上的速度。为此，在此环形区域内布置两个复源。按照奇点在两个边界上的反复反射，可以求出这些速度的表达式。因为这两个奇点的反射过程是一样的，所以只给出其中一个奇点的反射过程的细节。在图 5-33 中，圆心在原点的两个同心圆围成一个环形区域，OA 和 OC 分别是内圆和外圆的半径。原始奇点

位于点 B 处。

根据圆定理，在图 5-33 中，将 OA、OB、OC 的长度分别记为 a、b、c，对外圆周边界的第一次反射的奇点及其连续反射的奇点位置可表达为

$$\frac{ba^{2n}}{c^{2n}}, \cdots, \frac{ba^4}{c^4}, \frac{ba^2}{c^2} \qquad \frac{c^2}{b}, \frac{c^4}{ba^2}, \cdots, \frac{c^{2n}}{ba^{2(n-1)}}$$

对内圆周边界的第一次反射的奇点及其连续反射的奇点位置可表达为

$$\frac{a^{2n}}{bc^{2(n-1)}}, \cdots, \frac{a^4}{bc^2}, \frac{a^2}{b} \qquad \frac{bc^2}{a^2}, \frac{bc^4}{a^4}, \cdots, \frac{bc^{2n}}{a^{2n}}$$

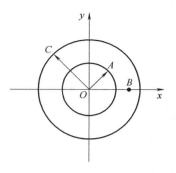

图 5-33　反射奇点的位置

为了方便起见，分别考虑奇点的实数部分（源）和虚数部分（点涡旋）。先考虑位于点 B 处的源的反射。半径为 OA 的圆表面上的边界条件是法向速度为零。为了满足这个条件，必须在点 B 对于小圆的映射点处加一个相同的源，同时在圆心处加一个汇，大圆表面上的边界条件与小圆表面上的边界条件相同。显然，第一次反射的源将破坏外边界上的边界条件，因此，这个假想的奇点必须在外边界上反射，这又需要在内边界上反射，如此无休止地反射下去。如果认为反射过程是从外边界开始，那么，将产生另外一系列位置不同的镜像点 B'。对于反射过程的每一步，必须在圆心处加上一个奇点。经过边界 A 和 C 的流量必须等于零。因此，在 B 点和 B' 点处的两个原始奇点的实数部分应该大小相等、符号相反。对于另一个在 B' 点处的原始奇点，也有同样的反射过程。

点涡的反射情况与源相似，只是在每次反射中，由反射形成的点涡的符号需要改变一下，并且在圆心处增加的奇点的符号与反射的相反。原点与反射点之间距离的大小如前所述。

第6章

机翼与叶栅理论
在工程中的应用

机翼理论被广泛地应用于动力工程领域。船舶工程里的尾舵、飞机制造里的机翼和尾翼以及某些动力机械里的叶片都是根据机翼理论设计的。

图 6-1 所示为用潜水机翼装备的小艇，在高航速时，船体受机翼的升力作用而被抬起，船体部分露出水面。这时，机翼艇航行的阻力有一部分变成空气阻力。由于空气的密度只有水密度的 1/800，小艇航行时受到的阻力将大大减小。但是，由于机翼是在水面附近工作，容易产生气蚀，因而易对机翼造成破坏。此外，这种机翼艇还容易受到波浪的影响而不稳定。

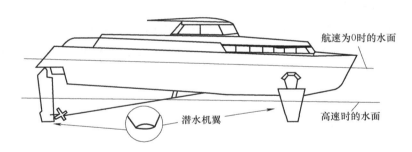

图 6-1　机翼艇

船的尾舵同样也是机翼原理的一个应用，如图 6-2 所示。这里人们利用机翼的特性，即在阻力 F_D 很小时，产生很大的升力 F_L 以及很大的转向力矩 $M = lF_L$。虽然通过阻力矩也可以操纵船的方向，但是，阻力过大将使船的动力损耗增大。根据库塔-茹科夫斯基升力公式，利用环量效应可以获得尽可能大的升力。

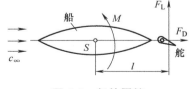

图 6-2　船的尾舵

图 6-3 给出了船帆上的作用力，吹帆的风速 w_∞ 可从绝对风速 c_∞ 和船速 u 得出。船帆的弦与 w_∞ 方向的夹角就是仰角 α。从图 6-3 可以看出，即使风以 c_∞ 从船的侧向吹来，帆仍能产生升力使船前进。可见，也可将船帆看成一个机翼。

下面给出几个例子，说明机翼理论在工程上的实际应用。

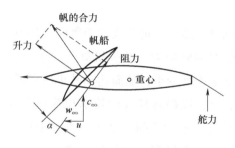

图 6-3　帆船上的作用力

6.1　机翼翼尖减阻装置的应用

飞机减阻技术研究是飞机设计的重要内容之一。减阻能够改善飞机的气动特性、提高其性能，并能减少燃油消耗，这对于民用和军用飞机都具有重要意义。诱导阻力是飞机阻力的重要组成部分，例如，对大多数运输机来说，巡航时的诱导阻力占总阻力的30%以上；在低速、大攻角飞行时，诱导阻力所占比重则更大。因此，减小飞机诱导阻力的技术研究受到了高度重视。利用翼尖装置进行减阻是该研究的一项重要内容。

多年来，许多科学家从理论研究、数值计算到风洞试验、飞行试验，对翼尖装置的减阻作用做了大量的研究工作，包括翼尖小翼、翼尖帆片以及剪切翼尖等在内的各种翼尖装置已经在飞机上有了实际的应用，并取得了显著的减阻效果。

翼尖装置的作用是和翼尖区的流场紧密相关的。当机翼承受升力，在后缘拖出自由涡系时，由于翼尖区气流的强烈翻卷作用（图6-4），其涡旋强度很大，并在尾迹中卷成一对集中涡，涡系在机翼上产生的诱导下洗速度改变当地有效速度方向而形成了诱导阻力。一般可以通过增大机翼的展弦比来减小这个阻力。但是，这要付出增加结构重量的代价，并受到总体设计的限制。因此，机翼的最佳展弦比只能在一定的范围内选择。另一种有效的方法是通过在机翼翼尖处安装经过特别设计的装置来达到减阻的目的。常见的三种典型的翼尖装置为小翼、帆片和剪切翼尖，如图6-5所示。

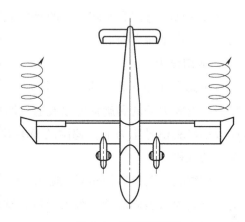

图 6-4　翼尖区气流

a) 小翼　　　　　　　　b) 帆片　　　　　　　　c) 剪切翼尖

图 6-5　三种典型的翼尖装置

1. 小翼

小翼是装在翼尖区、与机翼平面成一定角度的小翼面（图6-5a），它能明显地改变机翼翼尖附近的流场，有效地产生较大的侧向力，减少机翼上、下表面的展向诱导流动，减弱翼尖涡旋并使之扩散，使得机翼下洗速度变小，从而达到减小机翼诱导阻力的目的。

小翼应有适当的削尖和后掠，以提高其气动效率和获得良好的超临界性能。主小翼应放在最大厚度线稍后，小翼的安装应适当外倾，以减少不利干扰。小翼形状、参数的选择应能提供所需的内法向力系数值，并且在机翼上的气流分离发生前，小翼上应无明显分离。在主小翼前安装一个较小的下小翼，能够提高小翼的效率，特别是在高升力情况下，对阻止主小翼失速有利。增加小翼展长能够提高小翼的减阻作用，但同时会引起机翼根部弯矩的增加，最佳展长应是考虑气动力以及结构重量的综合结果。

2. 帆片

装在机翼翼尖上的帆片是一组很小的辅助翼面（图6-5b），其弦长要比机翼的翼尖弦长小得多，因而它的有效自由流方向就是翼尖的当地气流方向，使得帆片受到的力在飞机的自由流方向上有了一个分量。这种辅助翼面的作用就像游艇上的帆一样，利用侧风合成气流去得到在运动方向上的推力而减小了阻力。Paris飞机是利用帆片减阻的一个典型例子，其飞行和试验的结果表明，带帆片后，飞机的诱导阻力下降，特别是每边带3个帆片的效果比带1个帆片的减阻效果更佳。

帆片呈螺旋形排列在翼梢，相邻帆片间的角度约为15°或更大。

帆片一般有弯曲和扭转，目的是使帆片光滑地偏转气流，使从下翼面到上翼面的螺旋形流动接近自由来流方向。

3. 剪切翼尖

剪切翼尖（图6-5c）是近年来发展起来的一种大后掠角、大根梢比的翼尖装置，它是通过减弱靠近翼尖处的涡旋强度以及通过所形成的前缘涡旋的作用，改变机翼的展向载荷分布，从而减小机翼诱导阻力的。德国的DO-228、日本的MU-300以及美国的BN-2等都是采用剪切翼尖的飞机。

剪切翼尖的前缘后掠角对减阻起到了重要作用，这是由于大后掠的剪切翼尖所形成的稳定前缘分离涡对展向流动有很大影响，这就相当于增加了机翼的有效展弦比，从而起到了减小诱导阻力的作用。

翼尖后缘有较大的后掠角时（此时机翼平面形状呈弯月形）有更好的减阻效果。

带剪切翼尖的机翼和其他平面形状相比，有着较好的总体性能。

到目前为止，在翼尖装置的研究中，对小翼的研究工作做得最多，技术比较成熟，现已应用到多种飞机上。与一个小翼的情况相比，采用上、下两个小翼能够获得更好的减阻效果。俄罗斯已在一些运输机上安装了不同的翼尖减阻装置，有的已通过试飞验证，有的已在实用的飞机上得到成功的应用，达到了预期的减阻效果。例如，Y12 II型飞机在增加了剪切翼尖后，当升力系数为1.3时，诱导阻力系数减小了0.017。

6.2 机翼型堰

　　机翼型堰（图6-6）最早由美国国家航空咨询委员会（NACA）提出，因堰体形状基本与飞机机翼相同而得名。由于机翼型堰更接近水流流线，因此与水流的贴合性更好，机翼型堰的过流能力大于同等条件下水电系统中的低堰，且堰面较少出现负压，堰面压强特性也优于水电系统中的低堰。此外，从几何特性来看，其堰顶部分平缓，易于布置闸门，且挡水时上游尚有较多的水，可帮助维持稳定；堰体自重重心略偏上游，既可使库空时下游堰趾无拉应力，也可使库满时上游堰踵无拉应力，对基底应力布置有利；下游端便于和各种纵坡的陡槽相切，可用于不同压头的明流泄水道，同时也便于接水平段，可以较大的泄流能力代替宽顶堰。机翼型堰在我国很多水电站已经得到成功的应用，取得了很好的社会经济效益。例如，福建省万安溪水电站采用机翼型堰作为旁侧式溢洪道控制堰，广西柳江红花水电站采用机翼型堰作为溢流堰。机翼型堰的剖面可以近似表示为

$$\frac{y}{H} = 2.969 \sqrt{\frac{x}{L}} - 1.26 \frac{x}{L} - 3.516 \left(\frac{x}{L}\right)^2 + 2.843 \left(\frac{x}{L}\right)^3 - 1.015 \left(\frac{x}{L}\right)^4 \tag{6-1}$$

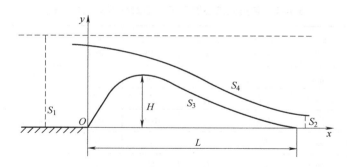

图6-6　机翼型堰

　　从机翼型堰的几何特性就可发现，它的堰面曲线是一多项式连续函数，只要给定堰高 H 和堰长 L，所有几何特性就完全确定了，便于设计施工。

　　假设过堰水流为二维势流，则流函数方程为

$$\frac{\partial^2 \psi}{\partial x^2} + \frac{\partial^2 \psi}{\partial y^2} = 0 \tag{6-2}$$

流速为

$$v_x = \frac{\partial \psi}{\partial y} \qquad v_y = -\frac{\partial \psi}{\partial x} \qquad v = (v_x^2 + v_y^2)^{0.5} \tag{6-3}$$

根据伯努利方程，总压头为

$$H_0 = y + \frac{p}{\rho g} + \frac{v^2}{2g} \tag{6-4}$$

　　为了求解流函数满足的拉普拉斯方程，必须给出边界条件。在上、下游边界 S_1 和 S_2 上只有法向流速，并假定其沿水深均匀分布，则

$$\psi\,|_{s_1} = \frac{h}{h_1}q \qquad\qquad \psi\,|_{s_2} = \frac{h}{h_2}q \qquad\qquad (6\text{-}5)$$

在固定边界上，是一条固壁流线，法向分速为零，则

$$\psi\,|_{s_3} = 0 \qquad\qquad (6\text{-}6)$$

在自由水面上，也是一条流线，法向分速为零，且压强为零，故有

$$\psi\,|_{s_4} = q \qquad\qquad (6\text{-}7)$$

以上各式中，q 是流量；h 是垂直于固定边界的水深。

如果预先给定流量 q，联立以上各方程，则可通过迭代法进行求解。

6.3　机翼理论在人工心脏设计中的应用

自从世界上第一个人工心瓣在 1960 年被植入人体以来，人工机械瓣经历了三个发展阶段。第一代人工机械瓣是笼球瓣和笼碟瓣（1960—1966 年）；第二代人工机械瓣是斜碟瓣（1967—1977 年）；第三代人工机械瓣是双叶瓣（1978 年至今）。各类人工心瓣和天然心瓣性能的定性比较见表 6-1。

表 6-1　各类人工心瓣和天然心瓣性能的定性比较

瓣型	壁面剪应力	湍流强度	跨瓣压差	是否有滞流区	溶血情况	血栓形成	流场情况	有效开口面积	是否需要抗凝
笼球瓣	非常高	非常高	高	有	高	高	周围流	很小	是
笼碟瓣	非常高	非常高	高	有	高	高	周围流	很小	是
斜碟瓣	高	高	中等	有	中等	中等	偏心流	中等	是
双叶瓣	低	高	低	有	低	中等	三流道	较大	是
生物瓣	低	高	高	有	低	低	中心流	中等	否
天然瓣	非常低	很低	很低	无	无	无	中心流	大	否

从表 6-1 可以看出，与天然心瓣相比，所有人工心瓣都存在滞流区、湍流区；所有机械瓣都会产生凝血和溶血。在相同的心率和流量下所做的试验表明，笼球瓣和笼碟瓣的跨瓣压差最大。

研究表明，经过亿万年自然选择进化而成的天然心瓣，不仅各种血流动力学性能是最佳的，其关闭性能也是非常渐近而柔和的。现有的人工机械瓣虽然模拟了天然心瓣的被动启闭性能，但其关闭机制却与天然心瓣不同，天然心瓣主要靠逆压梯度关闭，而人工机械瓣则主要是靠回流关闭的，因而存在着水击现象，其关闭瞬间的峰值跨瓣压力梯度很高，加上高湍流高剪应力区的存在，是引起溶血、组织损伤和瓣膜自身破损的根源。

从表 6-1 可以看出，双叶机械瓣是血流动力学性能最好的人工心瓣。但是，双叶瓣存在两个问题：一是中心流道狭窄，流场不够理想，特别是在低流量下，中间流道滞流，甚至有回流区存在；二是瓣叶的启闭方向与天然心瓣相反，这一点不符合仿生学原则，无法利用窦和窦涡的作用以及逆压梯度关闭机制，而是在较大的回流量下突然关闭的。

　　人工心瓣是靠血流动力学的作用而被动工作的，其载荷条件非常复杂，流动是非定常的，流体具有黏性，流场是三维有界的，边界条件非常复杂。作为初步设计，可以当成理想流体中的二维孤立翼来考虑，然后再通过试验对参数加以优化选择。

　　顺向双叶机械瓣的几何参数如图 6-7 所示：

　　1）瓣环内径 $D = 25\text{mm}$。

　　2）瓣叶弯度选取为 0，即平板。

　　3）通过减小质量使其对铰轴的力矩平衡，选取瓣叶前缘厚度为后缘厚度的 2 倍。

　　4）铰轴间距 t 是最重要的参数，它决定了各流道的流量分配、瓣叶在各时相的受力情况、瓣膜的启闭性能和最大开启角下的性能。

　　5）瓣环厚度和高度由经验确定。

　　6）瓣膜总高度 H 也由经验确定。

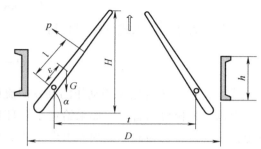

图 6-7　顺向双叶机械瓣

　　由图 6-7 中的几何关系，可以求出瓣叶关闭时的斜角 α 和瓣叶的最大弦长 C 分别为

$$\alpha = \arctan\frac{2H}{D} \tag{6-8}$$

$$C = \frac{D}{2}\tan\alpha \tag{6-9}$$

　　为了简化起见，下面分别分析开启和关闭前一瞬间以及心动周期峰值射血期准定常相的情况。

　　在开启前一瞬间，瓣叶受到重力、浮力和心室压力的作用。当总压力合力 F_p 对铰轴的力矩大于有效重量 G（G = 重力 – 浮力）对铰轴的力矩时，瓣叶就会产生开启的动作。瓣叶的运动方程为

$$F_p l - \varepsilon G\cos\alpha = I\frac{\text{d}^2\alpha}{\text{d}t^2} \tag{6-10}$$

式中，I 为瓣叶的转动惯量；l 为压力中心到铰点的距离；ε 为重心到铰点的距离。如果只考虑开启前一瞬间，则角加速度为 0。

　　在峰值射血期的准定常相，瓣叶处于最大平衡开角情况，此时瓣叶受到重力、升力和阻力矩的作用，其平衡方程为

$$F_L l\sin\alpha - \varepsilon G\cos\alpha - F_D l\cos\alpha = 0 \tag{6-11}$$

　　作为第一级近似，可将瓣叶考虑为理想流场中的孤立翼，瓣叶的平面形状为半椭圆形，短轴为瓣环直径 D，半长轴与瓣膜总高度 H 有关，等于最大翼弦 C。单位翼展上的二维升力系数为

$$C_L = 2\pi\sin\left(\frac{\pi}{2} - \alpha\right) = 2\pi\cos\alpha \tag{6-12}$$

　　将单位翼展上的二维薄翼升力沿展向积分，可得瓣叶上的总升力为

$$F_L = \frac{1}{2}\rho v_\infty^2 SC_L = \frac{1}{D^3}\rho Q^2 C\cos\alpha \tag{6-13}$$

式中，Q 为流量；S 为翼展面积。作用在瓣叶上的总阻力必须由试验确定。将升力、阻力和有效重量代入平衡方程，即可求得顺向双叶机械瓣的最大平衡角和有效开口面积。

在回流关闭的情况下，如果考虑关闭动作即将开始但尚未动作的瞬间，此时角速度为零，回流速比较小，可忽略阻力，则

$$F_L l \sin\alpha - \varepsilon G \cos\alpha = 0 \tag{6-14}$$

将升力表达式代入式（6-14）得

$$Q = \sqrt{\frac{G\varepsilon D^3}{\rho l C \sin\alpha}} \tag{6-15}$$

式（6-15）为开始关闭动作的临界回流量，此值越小越好。

由以上分析可以看出，如果给定了瓣环直径和瓣叶的厚度分布，则主要设计参数选择是确定铰轴的位置。为此，必须先求出瓣叶重心和升力中心。

6.4 机翼式风量传感器

机翼式风量传感器是通过在管道中安装流线型翼型柱体来进行流量测量的。流体流过翼型柱体时，在前端与侧面产生压差，根据伯努利方程，可根据该压差求得流量。这种传感器与压差变送器以及流量显示仪连接组成机翼式风量流量计，可广泛用于电力、冶金、化工、矿山等工业部门中大口径风道的风量及烟气流量的测量，并可与调节仪表和微机连接，组成流量测量控制系统，如图6-8所示。

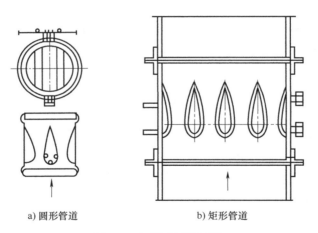

a) 圆形管道   b) 矩形管道

图6-8 机翼式风量测量

机翼式风量传感器是一种压差流量计。如果在管道中放置一个固定的圆柱体，则由伯努利方程可以得出流体流速与压差的关系为

$$v = k\sqrt{\frac{2\Delta p}{\rho}} \tag{6-16}$$

为了减小圆柱体对管内流动的阻力，实际测量时，将圆柱体做成流线型的机翼形状。类似地，可以得到机翼流量计算公式为

$$Q = kA \sqrt{\frac{2\Delta p}{\rho}} \tag{6-17}$$

式中，k 为经验系数；A 为机翼喉部流道面积。

机翼式风量传感器的特点是无可动部件、结构简单、使用寿命长；流量系数长期稳定性好、可靠性高；对介质条件要求低，灰尘及烟雾对其测量结果影响较小；采用流线型翼型体，使其阻力系数最小，保证了压损低、能耗小；对测量直管段长度要求低，最大直管段长度为 2 倍的当量直径；操作简单、维护工作量少。

6.5　翼型升力式流量计

根据翼型升力与来流速度存在关联的原理，可以设计一种测量大断面风量的升力式流量计。

由翼型升力的表达式

$$F_L = 4\pi\rho R v_\infty^2 r \sin(\alpha - \alpha_0) \tag{6-18}$$

对于高度和宽度分别为 a、b 的矩形截面风道，有

$$F_L = \frac{4\pi\rho R Q^2 r}{a^2 b^2} \sin(\alpha - \alpha_0) \tag{6-19}$$

对于固定翼型、工作环境基本不变的某一流道，式（6-19）中的 R、a、b、r、α 和 α_0 等均为常数，令

$$K = \frac{4\pi\rho R r}{a^2 b^2} \sin(\alpha - \alpha_0) \tag{6-20}$$

则

$$F_L = KQ^2 \tag{6-21}$$

由式（6-21）可以看出，翼型所受升力与其所处流道的流量具有一一对应的关系，即在某一特定流量 Q 下，具有唯一与之对应的升力值；反之，如果想知道流道的流量，只需测出升力，即可由式（6-21）确定其流量。

利用这种升力与流量一一对应的关系，可以设计一种流量计，通过测量升力来得到流量，此即升力流量计的工作原理。然而，K 值的准确确定以及升力的直接测量都存在很大困难，因此，必须在安装升力流量计以后，再通过测量标定的方法来获得流量与升力之间的对应关系曲线。

升力式流量计与压差式流量计的最大区别在于前者没有测压孔，因而特别适用于恶劣环境下流量的测量，如煤矿通风机流量的测量。升力式流量计的结构以及安装示意图如图 6-9 所示。机翼由一根轴固定在风道中间，在轴上安装一个力矩传感器，测量机翼受到的力矩。根据事先标定的关系曲线，就可以通过所测力矩换算出风道的流量。

从式（6-20）可以看出，K 值与很多因素有关。为了减少误差，必须使冲角尽可能小。同时，由于煤矿通风机风道内气流的速度较低，可认为气体是不可压缩的。

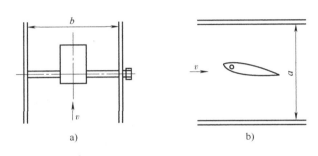

图 6-9　翼型升力式流量计

升力式流量计具有安装、维护、使用方便等特点，尤其是在煤矿等恶劣环境下，压差式流量计的测压孔非常容易被堵塞，从而会影响测量的精度和灵敏度。因此，在特殊场合下，升力式流量计具有其他类型流量计所无法比拟的优势。

6.6　汽车导流板与尾翼

现代轿车在高速公路上的行驶速度一般均已达到 120km/h 以上，一些车型的最高行驶速度更是高达 280km/h 以上。因此，轿车的车身应该具有尽可能低的空气阻力系数，同时又要采取相应措施来保证轿车的行驶安全。目前，比较有效的措施是在车身的前端安装导流板和在后端安装尾翼，如图 6-10 所示。

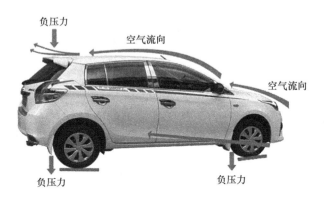

图 6-10　汽车尾翼的工作原理

轿车车身基本上呈流线型，其横截面形状与机翼相似。在高速行驶中，由于车身上、下两面的气流压力不同，下面压力大、上面压力小，这种压力差必然会产生一种升力。车速越快，压力差越大，升力也就越大。这种升力也是空气阻力的一种，汽车工程界称其为诱导阻力，约占整车空气阻力的 7%，虽然比例较小，但危害很大。其他空气阻力只消耗轿车的动力，诱导阻力不但消耗动力，还会产生承托力而危及轿车的行驶安全。因为当轿车时速达到一定的数值时，升力就会克服车重而将车子向上托起，减小了车轮与地面之间的附着力，使车子"发飘"，造成行驶稳定性变差。

为了减小轿车在高速行驶时所产生的升力，汽车设计师除了在轿车外形方面做了改进，如将车身整体向前下方倾斜而在前轮上产生向下的压力，将车尾改得短平来减小从车顶向后部作用的负气压而防止后轮"飘浮"外，还在轿车前端的保险杠下方装上了向下倾斜的连接板。该连接板与车身前裙板连成一体，中间开有合适的进风口以加大气流速度，降低车底气压，这种连接板称为导流板。另外，还在轿车行李舱盖上后端做成像鸭尾似的突出物，将从车顶冲下来的气流阻滞一下以形成向下的作用力，这种突出物称为尾翼。

尾翼是根据机翼的原理来设计的，就是在轿车的尾端上安装一个与水平方向呈一定角度的平行板，这个平行板的横截面形状与机翼的相同，只是反过来安装，即平滑面在上、抛物面在下。这样，轿车在行驶中会产生与升力具有同样性质的作用力，只是方向与升力相反，利用这个向下的力来抵消车身上的升力，从而保障了行车安全。这种尾翼一般安装在时速比较高的轿车上。目前，很多轿车都装有导流板和扰流板，借以提高轿车的性能。大多数的汽车尾翼都是用玻璃纤维或碳素纤维制成的。

6.7 奇点分布法在轴流泵中的应用

奇点分布法的原理：在一平面有势流动的均匀流场中，沿一特定曲线设置一强度分布合理的连续涡，如果它产生的诱导速度场叠加原均匀流后能保证曲线成为一条流线，且这一流线满足均匀流绕流的边界条件，就可以用一固态无厚度薄板代替原涡层，这时平面有势流动绕流薄板产生的有势流场与原连续涡在均匀流中叠加形成的有势流场是等效的。这是因为平面有势流动的速度分布由流动的势函数决定，而势函数满足拉普拉斯方程，这一方程的解仅由其边界条件决定。

本节将以奇点分布法的基本原理为依据，导出适合轴流泵叶轮翼型流动特征的一系列应用性计算公式，以便使该方法成为可行的轴流泵叶片设计工具。

1. 涡旋密度函数的形式及其功能

在讨论转轮和叶轮的两种平面叶栅的力学特性差异时，由于两种叶栅使用相同的坐标系，首先应对相关坐标系加以说明。图 6-11 所示为平面无穷直列叶栅，由图中弦长为 l（m）、栅距为 t（m）的平板构成的平面无穷直列叶栅示意叶轮或转轮叶栅。现选取其中任一平板翼型作为基本翼型，并以其中点为原点建立平面直角坐标系 u-O-y。同时，以各平板中点为原点建立各平板上的直线坐标 s，坐标直线与各平板重合，正向向上。图 6-11 中还标明了将此运动叶栅分别当作叶轮叶栅和转轮叶栅时的平面来流 w_∞ 及 $w_{\infty(转轮)}$，这些相对速度矢量实际是叶栅前后相对速度矢量的几何平均矢量。

由于上述平面流面上的相对速度场与设置在各点翼型骨线上的连续分布涡产生的诱导速度关系密切，因而正确确定沿叶轮翼型骨线分布的连续分布涡的旋向和强度分布规律是首先应解决的问题。

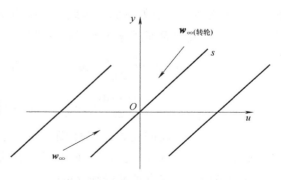

图 6-11 平面无穷直列叶栅

将沿顺时针方向的涡旋密度函数 $\gamma(s)$ 定义为直线坐标 s 的以下函数形式

$$\gamma(s) = A_0 \sqrt{\frac{1 + s/(l/2)}{1 - s/(l/2)}} + A_1 \sqrt{1 - \left[s/(l/2) \right]^2} \tag{6-22}$$

式中，$\gamma(s)$ 为涡旋密度函数；s 为直线坐标；A_0、A_1 为两个具有速度量纲的系数（m/s）；l 是弦长（m）。由定义可知，$\gamma(s)$ 也具有速度量纲，单位为 m/s。

经分析与计算可知，式（6-22）只适用于转轮叶栅翼型的边界条件。在叶轮翼型骨线的计算设计中，均采用逆时针的涡旋密度函数，即

$$\gamma(s) = A_0 \sqrt{\frac{1 - s/(l/2)}{1 + s/(l/2)}} + A_1 \sqrt{1 - \left[s/(l/2) \right]^2} \tag{6-23}$$

2. 基于涡旋密度函数的基本翼型骨线计算公式

图 6-12 所示为叶轮叶栅（圆柱形流面）的展开平面，平面上有一无限直列平板叶栅，叶栅的几何参数同图 6-11。几何平均相对速度 w_∞ 的方向由其与叶栅列线的夹角 β_∞ 表示，w_∞ 与栅中翼型的夹角即冲角，记为 α。

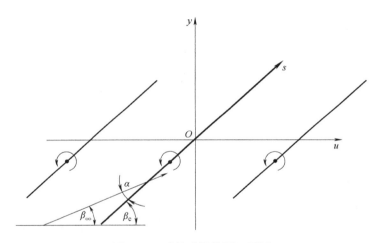

图 6-12 叶轮叶栅的展开平面

在图 6-12 中作水平线与所有平板翼型相交，这一直线与基本翼型交点的直角坐为 u 和 y，则与其他翼型交点的直角坐标为 $u + kt$，$y(k = \pm 1, \pm 2, \pm 3, \cdots)$。基本翼型交点的直线坐标为 s，因而所有交点处点涡的涡旋强度都为 $\gamma(s)\mathrm{d}s$。将这一平面视为复平面，所有沿逆时针方向的点涡构成的涡列诱导产生平面有势流场，流动的复势 $\phi(z_0)$ 为

$$\phi(z_0) = \frac{\gamma(s)\mathrm{d}s}{2\pi} \{ \ln(z_0 - z) + \ln[z_0 - (z - t)] + \ln[z_0 - (z + zt)] \}$$

$$= \frac{\gamma(s)\mathrm{d}s}{2t} \ln\sin\left[\frac{\pi}{t}(z_0 - z) \right] \tag{6-24}$$

式中，$\phi(z_0)$ 为流动的复势；t 为栅距（m）；复数 $z(u + \mathrm{i}y)$ 代表基本翼型上一点涡的位置，视为常量；$z_0(u_0 + \mathrm{i}y_0)$ 表示复平面上任一点的位置，应为变量，复数中实部与虚部都代表平面上点的坐标，故应有长度量纲（m）。

由流动的复速度 $(V_u - \mathrm{i}V_y)$ 与复势 $\phi(z_0)$ 的关系 $V_u - \mathrm{i}V_y = \mathrm{d}\phi(z_0)/\mathrm{d}z_0$，可以得到涡列在

平面任一点 $z_0(u_0 + iy_0)$ 处所产生的诱导速度的两个分量 V_u 和 V_y（m/s），即

$$\left.\begin{array}{l} V_u = -\dfrac{\gamma(s)\,\mathrm{d}s}{2t}\dfrac{\mathrm{sh}\left[\dfrac{2\pi}{t}(y_0 - y)\right]}{\mathrm{ch}\left[\dfrac{2\pi}{t}(y_0 - y)\right] - \cos\left[\dfrac{2\pi}{t}(u_0 - u)\right]} \\[6ex] V_y = \dfrac{\gamma(s)\,\mathrm{d}s}{2t}\dfrac{\sin\left[\dfrac{2\pi}{t}(u_0 - u)\right]}{\mathrm{ch}\left[\dfrac{2\pi}{t}(y_0 - y)\right] - \cos\left[\dfrac{2\pi}{t}(u_0 - u)\right]} \end{array}\right\} \tag{6-25}$$

A_0 与 A_1 的速度量纲决定了本节所有诱导速度及其分量都有速度量纲，单位为 m/s。设计人员更关心基本翼型上相关点的诱导速度。设（u_0，y_0）是基本翼型上一确定点 s_0 的直角坐标，则（u_0，y_0）可视为给定常数，于是所有翼型上分布的逆时针连续涡在该点产生的诱导速度的两个分量为

$$V_u = \int_{-l/2}^{l/2} -\frac{\gamma(s)\,\mathrm{d}s}{2t}\frac{\mathrm{sh}\left[\dfrac{2\pi}{t}(y_0 - y)\right]}{\mathrm{ch}\left[\dfrac{2\pi}{t}(y_0 - y)\right] - \cos\left[\dfrac{2\pi}{t}(u_0 - u)\right]} \tag{6-26}$$

$$V_y = \int_{-l/2}^{l/2} \frac{\gamma(s)\,\mathrm{d}s}{2t}\frac{\sin\left[\dfrac{2\pi}{t}(u_0 - u)\right]}{\mathrm{ch}\left[\dfrac{2\pi}{t}(y_0 - y)\right] - \cos\left[\dfrac{2\pi}{t}(u_0 - u)\right]} \tag{6-27}$$

式（6-26）和式（6-27）表明，当点涡位置沿翼型充分接近给定点 s_0，即 u、y 分别充分接近常量 u_0 和 y_0 时，两被积函数的分子和分母都以 0 为极限。为解决这一问题，将 s_0 处的诱导速度 V_u 和 V_y 分解为两部分：由基本翼型分布的逆时针连续涡在 s_0 产生的两个速度分量 V_{1u}、V_{1y}；由其他所有翼型分布的逆时针同强度连续涡在 s_0 产生的两个速度分量 V_{2u}、V_{2y}。显然有关系 $V_u = V_{1u} + V_{2u}$，$V_y = V_{1y} + V_{2y}$。

以直角坐标表示的 s_0 处的诱导速度的两个分量 V_{1u}、V_{1y} 可表示为

$$V_{1u} = -\frac{1}{2\pi}\int_{-l/2}^{l/2} \frac{\gamma(s)\,\mathrm{d}s(y_0 - y)}{(y_0 - y)^2 + (u_0 - u)^2} \tag{6-28}$$

$$V_{1y} = \frac{1}{2\pi}\int_{-l/2}^{l/2} \frac{\gamma(s)\,\mathrm{d}s(u_0 - u)}{(y_0 - y)^2 + (u_0 - u)^2} \tag{6-29}$$

由 V_{2u} 和 V_{2y} 的定义，从式（6-26）~式（6-29）直接得到

$$V_{2u} = V_u - V_{1u} = \int_{-l/2}^{l/2} \frac{\gamma(s)\,\mathrm{d}s}{t}\left\{ -\frac{1}{2}\frac{\mathrm{sh}\left[\dfrac{2\pi}{t}(y_0 - y)\right]}{\mathrm{ch}\left[\dfrac{2\pi}{t}(y_0 - y)\right] - \cos\left[\dfrac{2\pi}{t}(u_0 - u)\right]} + \right.$$

$$\left. \frac{t}{2\pi}\frac{y_0 - y}{(y_0 - y)^2 + (u_0 - u)^2} \right\} \tag{6-30}$$

$$V_{2y} = V_y - V_{1y} = \int_{-l/2}^{l/2} \frac{\gamma(s)\,\mathrm{d}s}{t} \left\{ \frac{1}{2} \frac{\sin\left[\frac{2\pi}{t}(u_0 - u)\right]}{\mathrm{ch}\left[\frac{2\pi}{t}(y_0 - y)\right] - \cos\left[\frac{2\pi}{t}(u_0 - u)\right]} - \right.$$

$$\left. \frac{t}{2\pi} \frac{u_0 - u}{(y_0 - y)^2 + (u_0 - u)^2} \right\} \tag{6-31}$$

式（6-30）与式（6-31）中，u、y 是基本翼型上点涡的坐标，因而式（6-30）和式（6-31）实现了以基本翼型上点涡的坐标来表达非基本翼型上的所有连续涡对基本翼型上计算点 s_0 的诱导的效果。为方便表达，引入

$$a(s_0, s) = -\frac{1}{2} \frac{\mathrm{sh}\left[\frac{2\pi}{t}(y_0 - y)\right]}{\mathrm{ch}\left[\frac{2\pi}{t}(y_0 - y)\right] - \cos\left[\frac{2\pi}{t}(u_0 - u)\right]} + \frac{t}{2\pi} \frac{y_0 - y}{(y_0 - y)^2 + (u_0 - u)^2} \tag{6-32}$$

$$b(s_0, s) = \frac{1}{2} \frac{\sin\left[\frac{2\pi}{t}(u_0 - u)\right]}{\mathrm{ch}\left[\frac{2\pi}{t}(y_0 - y)\right] - \cos\left[\frac{2\pi}{t}(u_0 - u)\right]} - \frac{t}{2\pi} \frac{u_0 - u}{(y_0 - y)^2 + (u_0 - u)^2} \tag{6-33}$$

当基本翼型上的点涡沿平板无限趋近给定计算点 s_0 时，式（6-32）与式（6-33）中的两项的分子、分母都以 0 为极限，但可以证明两项的和或差为确定值 0。将 $a(s_0, s)$ 和 $b(s_0, s)$ 分别代入式（6-30）与式（6-31），得到 V_{2u}、V_{2y} 便于计算的形式

$$V_{2u} = \frac{1}{t} \int_{-l/2}^{l/2} a(s_0, s)\gamma(s)\,\mathrm{d}s \tag{6-34}$$

$$V_{2y} = \frac{1}{t} \int_{-l/2}^{l/2} b(s_0, s)\gamma(s)\,\mathrm{d}s \tag{6-35}$$

计算翼型上一给定点 V_{2u}、V_{2y} 的基本式（6-34）与式（6-35）的应用是奇点分布法的一个难点。

除了以上对叶栅理论相关知识的应用外，还有很多的工程实际应用，如轴流式水轮机转轮、船舶推进器、风机等的设计都要用到叶栅理论的相关知识，本书不再一一罗列。

习　　题

1. 利用茹科夫斯基变换函数 $z = \dfrac{1}{2}\left(\xi + \dfrac{a^2}{\xi}\right)$ 实现以下变换：

1）将 ζ 平面上圆心在坐标原点、半径为 a 的圆变为 z 平面上位于 x 轴、长为 $2a$ 的平板。

2）将 ζ 平面上半径 $R > a$ 的圆变为 z 平面上长轴为 $\dfrac{1}{2}\left(R + \dfrac{a^2}{R}\right)$、短轴为 $\dfrac{1}{2}\left(R - \dfrac{a^2}{R}\right)$，焦点为 $x = \pm a$ 的椭圆。

3）将 ζ 平面上圆心位于虚轴上方、距圆心 f 的偏心圆变为 z 平面上位于上半平面中的一段圆弧，并确定 ζ 平面与 z 平面上对应点的位置。

2. 什么是极曲线？指出其作用。

3. 如图1所示，ζ 平面上有一圆心在坐标原点、半径为 a 的半圆与实轴所组成的边界上部，有一沿 ξ 轴方向速度为 V_∞ 的平行流，将此流动根据 $z = (a\xi)^{\frac{1}{2}}$ 变到 z 平面上，试求 z 平面上速度的极大值和位置。$\left(\text{在 } z \text{ 平面上 } \theta = \dfrac{\pi}{4}, \ v'_{\max} = 4V_\infty\right)$

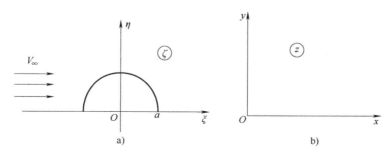

图1　习题3图

4. 什么是恰普雷金假设？由恰普雷金假设确定环量 $\left[\Gamma = -4\pi a m_\infty v_\infty \sin(\theta_\infty - \varepsilon_0)\right]$。

5. 小冲角平板翼型绕流如图2所示，求以下正问题。

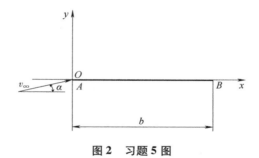

图2　习题5图

1）环量分布。

2）升力和升力系数。

3）对前缘点的力矩。

6. 抛物线翼型绕流如图 3 所示,求以下反问题:已知无穷远来流沿 x 方向,环量密度 $r(\theta)=2v_\infty A_1\sin\theta$,即在三角级数展开式中除了系数 A_1 项之外,其他各项 A_0,A_2,$\cdots$,A_n 均为零,求翼型线的方程及动力特征。

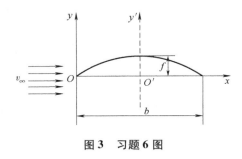

图 3 习题 6 图

7. 可以用何种涡旋来代替有限翼展?在相同翼型和相同几何冲角的情况下,试比较有限翼展与无限翼展的升力和阻力。

8. 试分析平面直列叶栅中叶形的受力情况。

9. 指出特征方程中各特征系数的意义,并说明穿透系数与密度的关系。

附　　录

一、复数基础

1. 复数的概念

在实数范围内，方程

$$x^2 = -1$$

是无解的，因为没有一个实数的平方等于 -1。由于解方程的需要，人们引进一个新数 i，称之为虚数单位，并规定

$$i^2 = -1$$

从而 i 是方程 $x^2 = -1$ 的一个根。

对于任意两个实数 x、y，称 $z = x + iy$ 或 $z = x + yi$ 为复数，其中 x、y 分别称为 z 的实部和虚部，记作

$$x = \mathrm{Re}(z), \quad y = \mathrm{Im}(z)$$

当 $x = 0$，$y \neq 0$ 时，$z = iy$ 称为纯虚数；当 $y = 0$ 时，$z = x + 0i$，把它看作实数 x。例如，复数 $3 + 0i$ 可看作实数 3。

两个复数相等，必须且只需它们的实部和虚部分别相等。一个复数 z 等于 0，必须且只需它的实部和虚部同时等于 0。

与实数不同，一般来说，两个复数只能说相不相等，而不能比较大小。

复数没有正负。

2. 复数的运算

两个复数 $z_1 = x_1 + iy_1$，$z_2 = x_2 + iy_2$ 的加法、减法及乘法定义如下：

$$(x_1 + iy_1) \pm (x_2 + iy_2) = (x_1 \pm x_2) + i(y_1 \pm y_2) \tag{A-1}$$

$$(x_1 + iy_1)(x_2 + iy_2) = (x_1 x_2 - y_1 y_2) + i(x_2 y_1 + x_1 y_2) \tag{A-2}$$

并分别称式（A-1）和式（A-2）右端的复数为 z_1 及 z_2 的和、差与积。

显然，当 z_1 与 z_2 为实数（即 $y_1 = y_2 = 0$）时，式（A-1）和式（A-2）与实数的运算法则一致。

又称满足

$$z_2 z = z_1 \quad (z_2 \neq 0)$$

的复数 $z = x + iy$ 为 z_1 除以 z_2 的商，记作 $z = \dfrac{z_1}{z_2}$，从这个定义，即可推得

$$z = \frac{z_1}{z_2} = \frac{x_1 x_2 + y_1 y_2}{x_2^2 + y_2^2} + i \frac{x_2 y_1 - x_1 y_2}{x_2^2 + y_2^2} \tag{A-3}$$

不难证明，与实数的情形一样，复数的运算也满足交换律、结合律和分配律，即

$$z_1 + z_2 = z_2 + z_1, \quad z_1 z_2 = z_2 z_1 \quad （交换律） \tag{A-4}$$

$$z_1 + (z_2 + z_3) = (z_1 + z_2) + z_3, \quad z_1(z_2 z_3) = (z_1 z_2)z_3 \quad （结合律） \tag{A-5}$$

$$z_1(z_2 + z_3) = z_1 z_2 + z_1 z_3 \quad （分配律） \tag{A-6}$$

3. 共轭复数

把实部相同而虚部绝对值相等、符号相反的两个复数称为共轭复数，与 z 共轭的复数记作 $\bar{z}$。如果 $z = x + iy$，那么 $\bar{z} = x - iy$。共轭复数有以下性质：

$$\overline{z_1 \pm z_2} = \bar{z_1} \pm \bar{z_2}, \quad \overline{z_1 z_2} = \bar{z_1}\,\bar{z_2}, \quad \overline{\left(\frac{z_1}{z_2}\right)} = \frac{\bar{z_1}}{\bar{z_2}} \tag{A-7}$$

$$\bar{\bar{z}} = z \tag{A-8}$$

$$z\bar{z} = [\operatorname{Re}(z)]^2 + [\operatorname{Im}(z)]^2 \tag{A-9}$$

$$z + \bar{z} = 2\operatorname{Re}(z), \quad z - \bar{z} = 2i\operatorname{Im}(z) \tag{A-10}$$

在计算 $\dfrac{z_1}{z_2}$ 时，可以利用共轭复数的性质［式（A-9）］把分子与分母同时乘以 $\overline{z_2}$，即可得到所求的商。

4. 复平面

由于一个复数 $z = x + iy$ 由一对有序实数 (x, y) 唯一确定，因此对于平面上给定的直角坐标系，复数的全体与该平面上点的全体成一一对应关系，从而复数 $z = x + iy$ 可以用该平面上坐标为 (x, y) 的点来表示，这是复数的一种常用表示方法。此时，x 轴称为实轴，y 轴称为虚轴，两轴所在的平面称为复平面或 z 平面。这样，复数与复平面上的点一一对应，并且把"点 z"作为"数 z"的同义词，从而能够借助于几何语言和方法来研究复变函数的问题，也为复变函数应用于实际奠定了基础。

在复平面上，复数 z 还与从原点指向 $z = x + iy$ 的平面向量一一对应，因此，复数 z 也能用向量 $\overrightarrow{OP}$ 来表示，如图 A-1 所示。

向量的长度称为 z 的模或绝对值，记作

$$|z| = r = \sqrt{x^2 + y^2} \tag{A-11}$$

显然，下列各式成立：

$$|x| \leqslant |z|, \quad |y| \leqslant |z| \tag{A-12}$$

$$|z| \leqslant |x| + |y| \tag{A-13}$$

$$z\bar{z} = |z|^2 = |z^2| \tag{A-14}$$

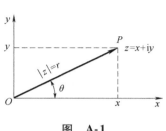

图 A-1

在 $|z| \neq 0$ 的情况下，以正实轴为始边，以表示 z 的向量 $\overrightarrow{OP}$ 为终边的角的弧度数 θ 称为 z 的辐角，记作

$$\operatorname{Arg} z = \theta$$

这时，有

$$\tan(\mathrm{Arg}\,z) = \frac{y}{x} \tag{A-15}$$

我们知道，任何一个复数 $z \neq 0$ 有无穷多个辐角。如果 θ_1 是其中的一个，那么

$$\mathrm{Arg}\,z = \theta_1 + 2k\pi \quad (k \text{ 为任意整数}) \tag{A-16}$$

就给出了 z 的全部辐角。在 z （$z \neq 0$）的辐角中，把满足 $-\pi < \theta_0 \leqslant \pi$ 的 θ_0 称为 $\mathrm{Arg}\,z$ 的主值，也称 z 的主辐角，记作 $\theta_0 = \arg z$。

当 $z = 0$ 时，$|z| = 0$，而辐角不确定。

辐角的主值 $\arg z$ （$z \neq 0$）可以由反正切的主值 $\arctan \dfrac{y}{x}$ 按下列关系确定

$$\arg z(z\neq 0) = \begin{cases} \arctan \dfrac{y}{x} & (x>0, y \gtreqless 0) \\[2mm] \pm \dfrac{\pi}{2} & (x=0, y \gtrless 0) \\[2mm] \arctan \dfrac{y}{x} \pm \pi & (x<0, y \gtrless 0) \\[2mm] \pi & (x<0, y=0) \end{cases} \tag{A-17}$$

其中 $-\dfrac{\pi}{2} < \arctan \dfrac{y}{x} < \dfrac{\pi}{2}$。

由复数的运算法则可知，复数 z_1 和 z_2 的加法、减法运算与相应向量的加法、减法运算一致，如图 A-2 所示。

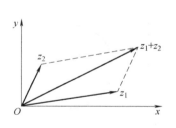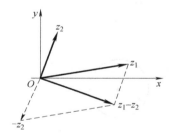

图　A-2

我们又知道，$|z_1 - z_2|$ 表示点 z_1 和 z_2 之间的距离（图 A-3），因此由图 A-2 和图 A-3 可得

$$|z_1 + z_2| \leqslant |z_1| + |z_2| \quad (\text{三角不等式}) \tag{A-18}$$

$$|z_1 - z_2| \geqslant \big| |z_1| - |z_2| \big| \tag{A-19}$$

一对共轭复数 z 和 $\bar{z}$ 在复平面内的位置是关于实轴对称的（图 A-4），因而 $|z| = |\bar{z}|$。如果 z 不在负实轴和原点上，还有 $\arg z = -\arg \bar{z}$。

利用直角坐标与极坐标的关系

$$x = r\cos\theta, \quad y = r\sin\theta \tag{A-20}$$

还可以把 z 表示成下面的形式

$$z = r(\cos\theta + \mathrm{i}\sin\theta) \tag{A-21}$$

式（A-21）称为复数的三角表示式。

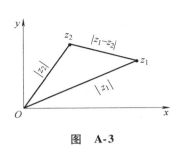

图 A-3

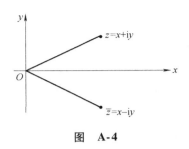

图 A-4

再利用欧拉公式：$e^{i\theta} = \cos\theta + i\sin\theta$，又可以得到

$$z = re^{i\theta} \tag{A-22}$$

这种表示形式称为复数的指数表示式。

5. 复变函数的极限和连续性

（1）函数的极限

定义一： 设函数 $\omega = f(z)$ 定义在 z_0 的去心邻域 $0 < |z - z_0| < R$ 内，如果有一确定的数 A 存在，对于任意给定的 $\varepsilon > 0$，相应地必有一正数 δ（$0 < \delta \leqslant R$），使得当 $0 < |z - z_0| < \delta$ 时有

$$|f(z) - A| < \varepsilon \tag{A-23}$$

那么，称 A 为函数 $f(z)$ 当 z 趋向于 z_0 时的极限，记作 $\lim\limits_{z \to z_0} f(z) = A$；或记作当 $z \to z_0$ 时，$f(z) \to A$，如图 A-5 所示。

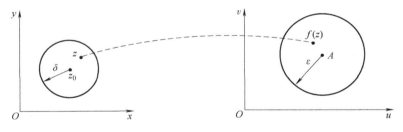

图 A-5

这个定义的几何意义是：当变点 z 进入 z_0 的充分小的 δ 去心邻域时，它的像点 $f(z)$ 就落入了 A 的预先给定的 ε 邻域中。这与一元实变函数极限的几何意义十分类似，只是这里用圆形邻域代替了那里的邻区。

应当注意：定义中 z 趋向于 z_0 的方式是任意的，也就是说，无论 z 从什么方向、以何种方式趋向于 z_0，$f(z)$ 都要趋向于同一个常数 A。这比对一元函数极限定义的要求要苛刻得多。

关于极限的计算，有以下两个定理。

定理一： 设 $f(z) = u(x, y) + iv(x, y)$，$A = u_0 + iv_0$，$z_0 = x_0 + iy_0$，那么 $\lim\limits_{z \to z_0} f(z) = A$ 的充要条件是

$$\lim_{\substack{x\to x_0\\y\to y_0}}u(x,y)=u_0,\quad \lim_{\substack{x\to x_0\\y\to y_0}}v(x,y)=v_0 \tag{A-24}$$

定理二：如果 $\lim\limits_{z\to z_0}f(z)=A$，$\lim\limits_{z\to z_0}g(z)=B$，那么

$$\lim_{z\to z_0}[f(z)\pm g(z)]=A\pm B \tag{A-25}$$

$$\lim_{z\to z_0}f(z)g(z)=AB \tag{A-26}$$

$$\lim_{z\to z_0}\frac{f(z)}{g(z)}=\frac{A}{B} \tag{A-27}$$

（2）函数的连续性

定义二：如果 $\lim\limits_{z\to z_0}f(z)=f(z_0)$，就说 $f(z)$ 在 z_0 处连续；如果 $f(z)$ 在区域 D 内处处连续，就说 $f(z)$ 在 D 内连续。

定理三：函数 $f(z)=u(x,y)+iv(x,y)$ 在 $z_0=x_0+iy_0$ 处连续的充要条件是 $u(x,y)$ 和 $v(x,y)$ 在 (x_0,y_0) 处连续。

定理四：

1）在 z_0 处连续的两个函数 $f(z)$ 与 $g(z)$ 的和、差、积、商（分母在 z_0 处不为零）在 z_0 处仍连续。

2）如果函数 $h=g(z)$ 在 z_0 处连续，函数 $w=f(h)$ 在 $h_0=g(z_0)$ 处连续，那么复合函数 $w=f[g(z)]$ 在 z_0 处连续。

通过以上定理，可以推得有理整函数（多项式）

$$w=P(z)=a_0+a_1z+a_2z^2+\cdots+a_nz^n$$

对复平面内所有的 z 都是连续的，而有理分式函数

$$w=\frac{P(z)}{Q(z)}$$

其中 $P(z)$ 和 $Q(z)$ 都是多项式，在复平面内分母不为零的点处也是连续的。

还应指出，函数 $f(z)$ 在曲线 C 上 z_0 点处连续的意义是

$$\lim_{z\to z_0}f(z)=f(z_0)\quad(z\in C)$$

在闭曲线或包括曲线端点在内的曲线段上连续的函数 $f(z)$，在曲线上是有界的，即存在一正数 M，在曲线上恒有

$$|f(z)|\leqslant M \tag{A-28}$$

二、复势

根据流函数和势函数的定义，在直角坐标系中，它们与流场内流体的流速之间存在以下关系

$$v_x=\frac{\partial\varphi}{\partial x}=\frac{\partial\psi}{\partial y} \tag{A-29}$$

$$v_y=\frac{\partial\varphi}{\partial y}=-\frac{\partial\psi}{\partial x} \tag{A-30}$$

式（A-29）和式（A-30）恰好就是柯西-黎曼条件。因此，势函数和流函数可以组成一个解析函数

$$W(z) = \varphi + i\psi \tag{A-31}$$

称此解析函数为流动的复势。

1. 复速度的概念

复势 $W(z)$ 对 z 的导数称为复速度。下面推导复速度的具体表达式。

$$dW = \frac{\partial W}{\partial x}dx + \frac{\partial W}{\partial y}dy = \left(\frac{\partial \varphi}{\partial x} + i\frac{\partial \psi}{\partial x}\right)(dx + idy)$$

又因为

$$dz = dx + dy$$

所以复速度的表达式为

$$\frac{dW}{dz} = \frac{\partial \varphi}{\partial x} + i\frac{\partial \psi}{\partial x} = v_x - iv_y \tag{A-32}$$

式（A-32）表明，复变函数的导数与方向无关。

共轭复速度为

$$\overline{\left[\frac{dW}{dz}\right]} = v_x + iv_y$$

复速度的模为

$$\left|\frac{dW}{dz}\right| = \sqrt{v_x^2 + v_y^2} = v \tag{A-33}$$

于是，复速度和共轭复速度可以改写为

$$\left.\begin{array}{c} \dfrac{dW}{dz} = ve^{-i\alpha} \\[2mm] \overline{\left[\dfrac{dW}{dz}\right]} = ve^{i\alpha} \end{array}\right\} \tag{A-34}$$

2. 复速度的积分

将复速度沿封闭曲线进行积分，得

$$\oint_c \frac{dW}{dz}dz = \oint_c dW = \oint_c (d\varphi + id\psi)$$

根据速度环量 Γ 的定义，有

$$\Gamma = \oint_c (v_x dx + v_y dy) = \oint_c d\varphi$$

同样的，根据流量 Q 的定义，有

$$Q = \oint_c d\psi$$

最后得

$$\oint_c \frac{dW}{dz}dz = \Gamma + iQ \tag{A-35}$$

三、解析函数

1. 解析函数的概念

定义：如果函数 $f(z)$ 在 z_0 及 z_0 的邻域内处处可导，那么称 $f(z)$ 在 z_0 解析。如果 $f(z)$ 在区域 D 内的每一点解析，那么称 $f(z)$ 在 D 内解析，或称 $f(z)$ 是 D 内的一个解析函数。

如果 $f(z)$ 在 z_0 不解析，那么称 z_0 为 $f(z)$ 的奇点。

2. 解析函数的充要条件

首先考察函数在一点可导（或可微）应当满足什么条件。设函数 $f(z)=u(x,y)+iv(x,y)$ 定义在区域 D 内，并且在 D 内一点 $z=x+iy$ 处可导。由 $f(z_0+\Delta z)-f(z_0)=f'(z_0)\Delta z+\rho(\Delta z)\Delta z$ 可知，对于充分小的 Δz，有

$$|\Delta z|=|\Delta x+i\Delta y|>0 \tag{A-36}$$

其中

$$\lim_{\Delta z\to 0}\rho(\Delta z)=0$$

令 $f(z+\Delta z)-f(z)=\Delta u+i\Delta v$，$f'(z)=a+ib$，$\rho(\Delta z)=\rho_1+i\rho_2$，则

$$\Delta u+i\Delta v=(a+ib)(\Delta x+i\Delta y)+(\rho_1+i\rho_2)(\Delta x+i\Delta y)$$
$$=(a\Delta x-b\Delta y+\rho_1\Delta x-\rho_2\Delta y)+i(b\Delta x+a\Delta y+\rho_1\Delta y+\rho_2\Delta x)$$

从而有

$$\Delta u=a\Delta x-b\Delta y+\rho_1\Delta x-\rho_2\Delta y$$
$$\Delta v=b\Delta x+a\Delta y+\rho_1\Delta y+\rho_2\Delta x$$

由于 $\lim\limits_{\Delta z\to 0}\rho(\Delta z)=0$，所以 $\lim\limits_{\substack{\Delta x\to 0\\\Delta y\to 0}}\rho_1=0$，$\lim\limits_{\substack{\Delta x\to 0\\\Delta y\to 0}}\rho_2=0$，因此得知 $u(x,y)$ 和 $v(x,y)$ 在 (x,y) 可微，而且满足方程

$$A=\frac{\partial u}{\partial x}=\frac{\partial v}{\partial y},\quad -B=\frac{\partial u}{\partial y}=-\frac{\partial v}{\partial x}$$

这就是函数 $f(z)=u(x,y)+iv(x,y)$ 在区域 D 内一点 z（$z=x+iy$）处可导的必要条件。

方程

$$\frac{\partial u}{\partial x}=\frac{\partial v}{\partial y},\quad \frac{\partial u}{\partial y}=-\frac{\partial v}{\partial x} \tag{A-37}$$

称为柯西-黎曼（Cauchy-Riemann）方程。

定理：设函数 $f(z)=u(x,y)+iv(x,y)$ 定义在区域 D 内，则 $f(z)$ 在区域 D 内一点 $z(z=x+iy)$ 处可导的充要条件是，$u(x,y)$ 和 $v(x,y)$ 在点 (x,y) 处可微，并且在该点满足柯西-黎曼方程。

3. 平面场的复势

设向量场 $\boldsymbol{v}$ 是不可压缩的（即流体的密度是一个常数）定常理想流体的流速场，即

$$\boldsymbol{v}=v_x(x,y)\mathrm{i}+v_y(x,y)\mathrm{j} \tag{A-38}$$

式中，速度分量 $v_x(x,y)$ 与 $v_y(x,y)$ 都有连续的偏导数。如果它在单连域 B 内是无源场（即管量场），那么

$$\mathrm{div}\boldsymbol{v}=\frac{\partial v_x}{\partial x}+\frac{\partial v_y}{\partial y}=0$$

即

$$\frac{\partial v_x}{\partial x} = -\frac{\partial v_y}{\partial y}$$

从而可知，$-v_y\mathrm{d}x + v_x\mathrm{d}y$ 是某个二元函数 $\phi(x,y)$ 的全微分，即

$$\mathrm{d}\phi(x,y) = -v_y\mathrm{d}x + v_x\mathrm{d}y$$

由此可得

$$-\frac{\partial\phi}{\partial x} = v_y, \qquad \frac{\partial\phi}{\partial y} = v_x \tag{A-39}$$

因为沿等值线 $\phi(x,y) = c_1$，$\mathrm{d}\phi(x,y) = -v_y\mathrm{d}x + v_x\mathrm{d}y = 0$，所以 $\dfrac{\mathrm{d}y}{\mathrm{d}x} = \dfrac{v_y}{v_x}$。也就是说，场 v 在等值线 $\phi(x,y) = c_1$ 上每一点处的向量 v 都与等值线相切，因而在流速场中，等值线 $\phi(x,y) = c_1$ 就是流线。因此，函数 $\phi(x,y)$ 称为场 v 的流函数。

如果 v 又是 B 内的无旋场（即势量场），那么

$$\mathrm{rot}\,v = 0$$

即

$$\frac{\partial v_y}{\partial x} - \frac{\partial v_x}{\partial y} = 0 \tag{A-40}$$

这说明表达式 $v_x\mathrm{d}x + v_y\mathrm{d}y$ 是某个二元函数 $\varphi(x,y)$ 的全微分，即

$$\mathrm{d}\varphi(x,y) = v_x\mathrm{d}x + v_y\mathrm{d}x$$

由此可得

$$\frac{\partial\varphi}{\partial x} = v_x, \qquad \frac{\partial\varphi}{\partial y} = v_y \tag{A-41}$$

从而有

$$\mathrm{grad}\,\varphi = v \tag{A-42}$$

$\varphi(x,y)$ 称为场 v 的势函数（或位函数）。等值线 $\varphi(x,y) = c_2$ 就称为等势线（或等位线）。

根据上述讨论可知：如果在单连域 B 内，向量场 v 既是无源场又是无旋场，那么，式（A-39）和（A-41）同时成立，将它们比较一下，即得

$$\frac{\partial\varphi}{\partial x} = \frac{\partial\phi}{\partial y}, \qquad \frac{\partial\varphi}{\partial y} = \frac{\partial\phi}{\partial x}$$

而这就是柯西-黎曼方程。因此，在单连域内可作以下解析函数

$$f(z) = \varphi(x,y) + \mathrm{i}\varphi(x,y) \tag{A-43}$$

这个函数称为平面流速场的复势函数，简称复势。

四、复变函数的重要定理

1. 柯西积分定理

定理：如果 $f(z)$ 在区域 D 内处处解析，C 为 D 内的任意一条正向简单闭曲线，它的内部完全含于 D，z_0 为 C 内任意一点，那么

$$f(z_0) = \frac{1}{2\pi\mathrm{i}}\oint_C \frac{f(z)}{z - z_0}\mathrm{d}z \tag{A-44}$$

柯西公式：假定 $f(z)$ 在闭曲线 C 上和 C 内是解析复变函数，如果 z_0 是不在 C 上的一个点，则有

$$\frac{1}{2\pi\mathrm{i}}\oint_C \frac{f(z)}{z - z_0}\mathrm{d}z = \begin{cases} 0, & z_0\ \text{在}\ C\ \text{外} \\ f(z_0), & z_0\ \text{在}\ C\ \text{内} \end{cases} \tag{A-45}$$

2. 泰勒级数

设 $f(z)$ 在 D 内解析，z_0 为 D 内的一点，d 为 z_0 到 D 的边界上各点的最小距离，那么当 $|z-z_0| < d$ 时

$$f(z) = \sum_{n=0}^{\infty} c_n (z - z_0)^n \tag{A-46}$$

成立，其中 $c_n = \dfrac{1}{n!} f^{(n)}(z_0)$，$n = 0, 1, 2, 3, \cdots$。$f(z)$ 可展开为如下收敛的泰勒级数

$$f(z) = f(z_0) + (z - z_0) f'(z_0) + \frac{(z-z_0)^2}{2!} f''(z_0) + \cdots + \frac{(z-z_0)^n}{n!} f^{(n)}(z_0) + \cdots \tag{A-47}$$

3. 洛朗级数

设 $f(z)$ 在圆环域 $R_1 < |z-z_0| < R_2$ 内处处解析，那么

$$f(z) = \sum_{n=-\infty}^{\infty} c_n (z-z_0)^n \tag{A-48}$$

其中

$$c_n = \frac{1}{2\pi i} \oint_C \frac{f(\zeta)}{(\zeta - z_0)^{n+1}} \, \mathrm{d}\zeta \quad (n = 0, \pm 1, \pm 2, \cdots)$$

这里 C 为在圆环域内绕 z_0 的任意一条正向简单闭曲线。

4. 留数定理

设函数 $f(z)$ 在区域 D 内除有限个孤立奇点 $z_1, z_2, \cdots, z_n$ 外处处解析，C 是 D 内包围各奇点的一条正向简单闭曲线，那么

$$\oint_C f(z) \, \mathrm{d}z = 2\pi i \sum_{k=1}^{n} \mathrm{Res}[f(z), z_k] \tag{A-49}$$

五、保角变换

保角变换的基本思想：为确定物理平面 ζ 上绕给定物体流动的复势 $W(\zeta)$，可以借助于某一解析变换函数

$$\zeta = f(z)$$

把 ζ 平面上的物形和绕流复势保角映射到复变函数 z 的辅助平面上去，使变换后在 z 平面上绕另一个映射物形的流动复势 $w(z)$ 是已知的，从而可以由下列方程组消去辅助变量 z，获得物理平面上的流动复势 $W(\zeta)$ 如下

$$\left. \begin{array}{r} W(\zeta) = W[f(z)] = w(z) \\ \zeta = f(z) \end{array} \right\} \tag{A-50}$$

六、茹科夫斯基函数

函数 $\zeta = \dfrac{1}{2}\left(z + \dfrac{a^2}{z}\right)$ $(a > 0)$ 称为茹科夫斯基函数。除 $z = 0$ 外，该函数在 z 平面内处处解析。$z = 0$ 是它的一个奇点。

附录 B 诺模图

诺模图如图 B-1 所示。

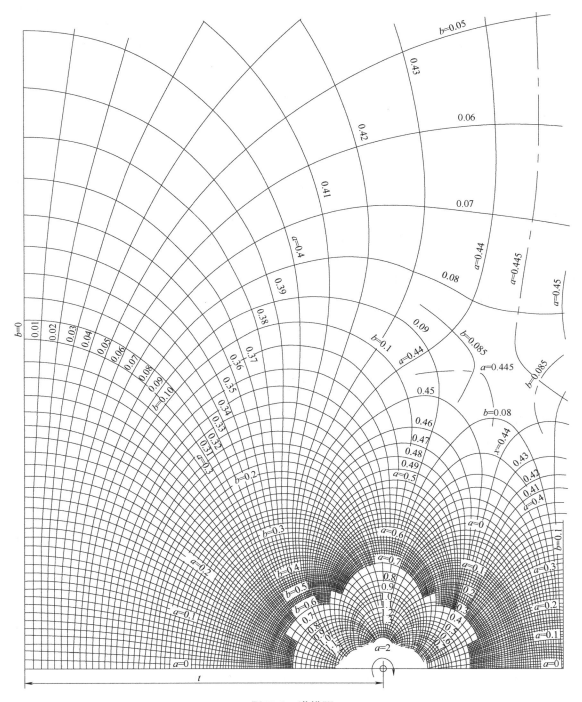

图 B-1 诺模图

参 考 文 献

［1］郭楚文，李嘉薇，许娟. 叶栅理论［M］. 徐州：中国矿业大学出版社，2006.

［2］张凤羽. 流体力学［M］. 北京：中国水利水电出版社，2013.

［3］赵琴. 流体力学与流体机械［M］. 北京：中国水利水电出版社，2016.

［4］罗宾逊. 机翼理论［M］. 北京：科学出版社，1964.

［5］严敬，刘小兵，周绪成，等. 基于奇点分布法的轴流泵叶片翼型设计与计算［J］. 农业工程学报，2016，32（7）：100-105.

［6］刘旺，侯路飞，顾君杰，等. 尾翼对汽车气动性能的影响［J］. 汽车工程师，2020（6）：56-57.

［7］刘天宝，程兆雪. 流体力学与叶栅理论［M］. 北京：机械工业出版社，1990.

［8］王献孚，韩久瑞. 机翼理论［M］. 北京：人民交通出版社，1987.

［9］罗惕乾. 流体力学［M］. 4版. 北京：机械工业出版社，2017.

［10］西安交通大学高等数学教研室. 工程数学：复变函数［M］. 4版. 北京：高等教育出版社，1996.

［11］陈卓如，王洪杰，刘全忠，等. 工程流体力学［M］. 3版. 北京：高等教育出版社，2013.

［12］王贞涛. 流体力学与流体机械［M］. 北京：机械工业出版社，2015.